TEUBNER-TEXTE zur Informatik   Band 26

J. Desel

Petrinetze, lineare Algebra
und lineare Programmierung

TEUBNER-TEXTE zur Informatik

Herausgegeben von
Prof. Dr. Johannes Buchmann, Darmstadt
Prof. Dr. Udo Lipeck, Hannover
Prof. Dr. Franz J. Rammig, Paderborn
Prof. Dr. Gerd Wechsung, Jena

Als relativ junge Wissenschaft lebt die Informatik ganz wesentlich von aktuellen Beiträgen. Viele Ideen und Konzepte werden in Originalarbeiten, Vorlesungsskripten und Konferenzberichten behandelt und sind damit nur einem eingeschränkten Leserkreis zugänglich. Lehrbücher stehen zwar zur Verfügung, können aber wegen der schnellen Entwicklung der Wissenschaft oft nicht den neuesten Stand wiedergeben.

Die Reihe „TEUBNER-TEXTE zur Informatik" soll ein Forum für Einzel- und Sammelbeiträge zu aktuellen Themen aus dem gesamten Bereich der Informatik sein. Gedacht ist dabei insbesondere an herausragende Dissertationen und Habilitationsschriften, spezielle Vorlesungsskripten sowie wissenschaftlich aufbereitete Abschlußberichte bedeutender Forschungsprojekte. Auf eine verständliche Darstellung der theoretischen Fundierung und der Perspektiven für Anwendungen wird besonderer Wert gelegt. Das Programm der Reihe reicht von klassischen Themen aus neuen Blickwinkeln bis hin zur Beschreibung neuartiger, noch nicht etablierter Verfahrensansätze. Dabei werden bewußt eine gewisse Vorläufigkeit und Unvollständigkeit der Stoffauswahl und Darstellung in Kauf genommen, weil so die Lebendigkeit und Originalität von Vorlesungen und Forschungsseminaren beibehalten und weitergehende Studien angeregt und erleichtert werden können.

TEUBNER-TEXTE erscheinen in deutscher oder englischer Sprache.

Petrinetze, lineare Algebra und lineare Programmierung

Analyse, Verifikation und Korrektheitsbeweise
von Systemmodellen

Von Dr. Jörg Desel

Universität Karlsruhe (TH)

B. G. Teubner Stuttgart · Leipzig 1998

Dr. Jörg Desel

Geboren 1959 in Frankfurt/Main. Von 1978 bis 1982 Ausbildung zum math.-techn. Assistent und Tätigkeit als Systementwickler bei der BAYER AG in Leverkusen. Studium der Informatik 1982 bis 1988 in Bonn. Von 1988 bis 1993 wiss. Ang. am Institut für Informatik der Technischen Universität München am Lehrstuhl von Prof. W. Brauer, Dissertation im Februar 1992. Von 1993 bis 1995 wiss. Ass. am Institut für Informatik der Humboldt-Universität zu Berlin am Lehrstuhl von Prof. W. Reisig, Habilitation im April 1997. Seit 1995 am Institut für Angewandte Informatik und Formale Beschreibungsverfahren der Universität Karlsruhe (TH) am Lehrstuhl von Prof. W. Stucky, zur Zeit als Hochschuldozent.

Arbeitsschwerpunkte: Formale Grundlagen verteilter Systeme, Petrinetze, Verifikation verteilter Algorithmen, Modellierung und Analyse von Geschäftsprozessen und Workflows.

Gedruckt auf chlorfrei gebleichtem Papier.

Die Deutsche Bibliothek – CIP-Einheitsaufnahme

Desel, Jörg:
Petrinetze, lineare Algebra und lineare Programmierung :
Analyse, Verifikation und Korrektheitsbeweise von Systemmodellen /
von Jörg Desel. – Stuttgart ; Leipzig : Teubner, 1998
   (Teubner-Texte zur Informatik ; Bd. 26)
   ISBN 978-3-8154-2312-7   ISBN 978-3-322-95382-7 (eBook)
   DOI 10.1007/978-3-322-95382-7

Umschlaggestaltung: E. Kretschmer, Leipzig

Vorwort

Der Titel dieser Arbeit ist bereits eine kurze Inhaltsangabe. Es geht darum, die Matrixrepräsentation von Petrinetzen in Gleichungs- und Ungleichungssystemen auszunutzen, um Aussagen über das Verhalten eines Netzmodells gewinnen oder beweisen zu können.

Die Motivation für die Verwendung linear-algebraischer Verfahren liegt in der Komplexität des Verhaltens von Petrinetzen. So explodiert die Anzahl erreichbarer Markierungen eines markierten Petrinetzes sowohl mit wachsender Größe des Netzes als auch mit wachsender Zahl anfangs verteilter Marken. Eine direkte Aufzählung aller erreichbarer Markierungen ist deshalb praktisch nicht möglich. Mit Hilfe von Gleichungs- und Ungleichungssystemen lassen sich aber häufig wenigstens hinreichende oder notwendige Bedingungen für dynamische Eigenschaften eines markierten Netzes formulieren; eine linear-algebraische Analyse erlaubt so, Informationen über das Verhalten eines markierten Netzes zu gewinnen. Zur Überprüfung der Gültigkeit derartiger linear-algebraischer Bedingungen existieren effiziente Algorithmen. Ihre Komplexität hängt wesentlich davon ab, ob rationale, ganzzahlige oder natürlichzahlige Lösungen gesucht werden. Oftmals gibt es einen Trade-off: Alle Lösungen haben eine Bedeutung, aber die effizienteren Algorithmen haben eine geringere Aussagekraft als die komplexeren. Optimierte Routinen für Matrixoperationen können mit proprietären Analyseverfahren für Petrinetze kombiniert werden.

Das Thema dieser Arbeit ist annähernd so alt wie Petrinetze selbst. Schon Mitte der siebziger Jahre wurden erste einschlägige Arbeiten veröffentlicht. Leider verwenden Autoren seitdem immer wieder neue Notationen, so daß ein einheitliches Bild des State-of-the-art nur schwer zu bekommen ist. Auch beziehen sich viele Veröffentlichungen auf eingeschränkte Netzklassen.

Das Ziel dieser Arbeit ist die Zusammenstellung der wesentlichen Ergebnisse über markierte Petrinetze und matrixbasierte Verfahren in einer einheitlichen Notation. Die traditionellen Inhalte werden ergänzt um etliche neue Resultate, die zum Teil das Bekannte abrunden und ergänzen und zum Teil neue Anwendungsbereiche der linear-algebraischen Analyse eröffnen. Ein Schwerpunkt ist die Fragestellung, wie theoretische Ergebnisse für algorithmische Verfahren systematisch angewendet werden können. Es zeigt sich, daß für die Entscheidung und für den Beweis der oben genannten hinreichenden oder notwendigen Bedingungen für dynamische Eigenschaften jeweils unterschiedliche Ansätze geeignet sind.

Kapazitäten, Prioritäten, Zeitanschriften oder anders interpretierte Anschriften von Petrinetzen werden in diesem Buch nicht betrachtet. Viele Ergebnisse lassen sich aber kanonisch auf derartig erweiterte Petrinetze verallgemeinern. Gewichtete Kanten erlauben wir nur dort, wo sie die Konzepte nicht unnötig komplizieren. Spezielle Teilklassen wie Free-Choice-Netze werden ebenfalls nicht besonders berücksichtigt.

Dieses Buch ist kein Lehrbuch der Petrinetz-Theorie. Insbesondere wird nicht die Frage behandelt, was wie mit Petrinetzen modelliert werden kann. Statt dessen bietet es die Möglichkeit, ergänzend zu einem allgemeinen Lehrbuch alle Aspekte der linear-algebraischen Analyse von Petrinetzen kennenzulernen. Auf Ergebnisse soll schnell zugegriffen werden können, ohne iterativ Definitionen zu suchen und expandieren zu müssen. Trotzdem ist das Buch vollständig bezüglich aller Definitionen, und es enthält stets kleine Beispiele, die zum Verständnis hilfreich sind. Es wird weitgehend auf die Verwendung von Begriffen verzichtet, die sich nicht allgemein durchgesetzt haben.

In verschiedenen Stationen meiner Beschäftigung mit Petrinetzen habe ich Berührungen mit linear-algebraischen Ansätzen gehabt. Diese Stationen sind auch mit Personen verbunden, die mit mir gemeinsam geforscht, geschrieben, gelitten und gefeiert haben. In chronologischer Reihenfolge sind dies

Agathe Merceron, mit der ich an Synchronie-Abständen gearbeitet habe,

Javier Esparza, mit dem ich lange Zeit Free-Choice-Netze untersucht habe,

Rolf Walter, Wolfgang Reisig und Ekkart Kindler, mit denen ich verteilte Algorithmen modelliert und verifiziert habe, sowie

Micaela Radola und Klaus-Peter Neuendorf, die mit mir die Ergebnisse zu Modulo-Invarianten verfaßt haben.

All diesen Kollegen und Freunden möchte ich danken.

Im wesentlichen stammen die Kapitel dieses Buches aus meiner Habilitationsschrift an der Humboldt-Universität in Berlin. Ergänzungen betreffen Beispiele in den ersten Kapiteln und das gesamte Kapitel 6. Ich danke den Gutachtern, den Professoren Kurt Lautenbach, Wolfgang Reisig, Peter Starke und Wolffried Stucky.

Karlsruhe, im März 1998   Jörg Desel

Inhalt

Kapitel 1

Einleitung

Der Gegenstand dieses Buches sind Analyseverfahren für Petrinetze, die auf Methoden der linearen Algebra oder der linearen Programmierung beruhen, also lineare Gleichungs- bzw. Ungleichungssysteme verwenden. Derartige Verfahren bilden zwar nur einen Ausschnitt aller bekannten Analyseverfahren für Petrinetze, sie nutzen aber in besonders eindrucksvoller Art netzspezifische Darstellungsformen aus. Viele andere Verfahren sind dagegen unabhängig vom verwendeten Formalismus einsetzbar; dazu gehört zum Beispiel die Verwendung von Zusicherungslogik. Naturgemäß können derartige Verfahren aus modellspezifischen Charakteristika keinen besonderen Vorteil ziehen. Die Anwendung von Gleichungs- und Ungleichungssystemen für Petrinetze basiert weitgehend auf der von C. A. Petri schon früh erkannten Dualität von Zuständen und Veränderungen [Petr73], [Petr82]. So werden in Petrinetzen Stellen – als lokale Bestandteile von Zuständen – und Transitionen – als atomare Einheiten von Zustandsveränderungen – absolut gleichwertig repräsentiert. Diese Dualität spiegelt sich in linear-algebraischen Verfahren dadurch wider, daß Stellen und Transitionen in der Matrixrepräsentation eines Petrinetzes gerade durch die Zeilen bzw. die Spalten beschrieben werden. Viele Ergebnisse der linearen Algebra oder der linearen Programmierung stellen Verbindungen her zwischen Eigenschaften einer Matrix und Eigenschaften ihrer transponierten Matrix, also zwischen den Zeilen und den Spalten einer Matrix. Dazu gehören insbesondere Aussagen über die Lösbarkeit der jeweiligen Gleichungssysteme. Auf Petrinetze übersetzt, führen diese Aussagen zu Beziehungen zwischen Stellen und Transitionen, die hier ausgenutzt werden.

Die Grundidee aller matrixbasierten Verfahren für Petrinetze beruht auf der Beobachtung, daß das Schalten einer Transition eines Petrinetzes stets dieselbe relative Veränderung der Markierungen der Stellen bewirkt. Der Vorbereich einer Transition enthält die Stellen, von denen eine Kante zur Transition führt.

Entsprechend besteht der Nachbereich aus den Stellen, zu denen eine Kante
von der Transition führt. Eine Kante kann mit einer positiven ganzen Zahl
beschriftet sein, die ihr Kantengewicht angibt. Unbeschriftete Kanten haben das Gewicht eins. Das Schalten der Transition reduziert die Markenzahl
der Vorbereichsstellen der Transition und erhöht die Markenzahl der Nachbereichsstellen der Transition, jeweils entsprechend den Kantengewichten der
verbindenden Kanten. Diese Effekte können sich teilweise aufheben, wenn eine
Stelle sowohl im Vor- als auch im Nachbereich der Transition liegt. Die Markierung aller anderen Stellen, die nicht mit der Transition verbunden sind,
bleibt unverändert.

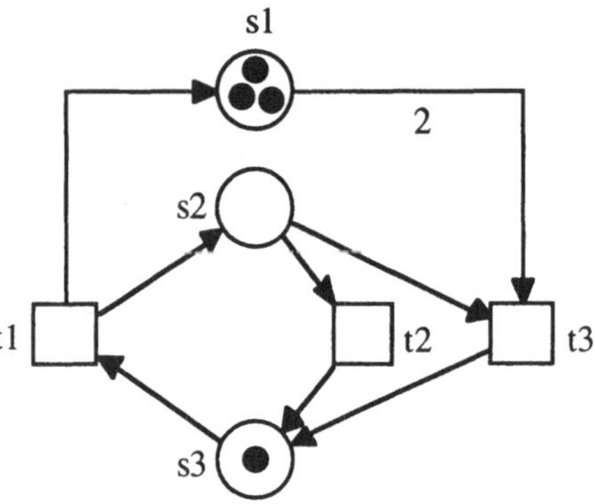

Abbildung 1.1   Ein Petrinetz, das einen Glücksspielautomaten modelliert

Abbildung 1.1 zeigt ein Petrinetz mit einer Anfangsmarkierung. Dieses Netz
modelliert das Verhaltens eines Glücksspielautomaten: Die Stellen s3 und s2
stellen die Zustände "bereit" und "aktiv" dar, die abwechselnd genau eine
Marke tragen. Ist der Automat bereit, so kann eine Münze eingeworfen werden
– modelliert durch die Transition t1 – und der Automat wird aktiv. Die Stelle
s1 gibt den Zustand des internen Münzspeichers an, dieser trägt anfangs drei
Marken. Es gibt zwei Möglichkeiten, vom Zustand "aktiv" wieder den Zustand
"bereit" zu erreichen: Entweder schaltet die Transition t2 oder die Transition
t3. Die Transition t2 verändert den Stand des Münzspeichers nicht, sie stellt
also ein für den Benutzer verlorenes Spiel dar. Die Transition t3 reduziert
dagegen die Anzahl der Marken auf s1 um zwei; hier gewinnt der Spieler und
erhält seinen doppelten Einsatz zurück.

Unabhängig von der betrachteten Markierung wird das Schalten der Transition
t3 die Markenzahl der Stelle s1 um zwei reduzieren, die Markenzahl der Stelle
s2 um eins reduzieren und die Markenzahl der Stelle s3 um eins vergrößern.
Entsprechendes gilt für die anderen Transitionen.

Während bei Petrinetzen also jede Transition stets dieselbe relative Veränderung bewirkt, gilt dies zum Beispiel bei Programmiersprachen mit Zuweisungen nicht. Als Beispiel betrachte man die folgende Zuweisung:

```
integervariable := 5
```

Abhängig von der vorherigen Belegung der Variablen wird die Ausführung dieser Zuweisung unterschiedliche relative Veränderungen hervorrufen: Bei einem vorherigen Wert von 7 wird 2 subtrahiert, ist der Wert zuvor 4, wird 1 addiert. Auch für Petrinetze existieren Vorschläge für modifizierte Schaltregeln, die unterschiedliche relative Veränderungen bewirken. So erlauben Abräumkanten, eine Stelle unabhängig von ihrer vorhergehenden Markierung zu leeren. Selbstmodifizierende Netze lassen sogar allgemeinere variable Veränderungen der jeweiligen Markenzahlen zu. Derartig modifizierte Schaltregeln wollen wir in diesem Buch aber nicht betrachten.

Um Matrix- und Vektornotationen verwenden zu können, gehen wir stets von einer endlichen Menge von Stellen $S = \{s_1, \ldots, s_n\}$ und einer endlichen Menge von Transitionen $T = \{t_1, \ldots, t_l\}$ aus, die beliebig mit Zahlen $1, \ldots, n$ bzw. $1, \ldots, l$ indiziert sind. Markierungen ordnen jeder Stelle die Zahl der auf ihr liegenden Marken zu. Jede Markierung ist also eine Abbildung $m: S \to \mathbb{N}$, wobei $\mathbb{N} = \{0, 1, 2, \ldots\}$. Sie läßt sich als Vektor $\mathbf{m} \in \mathbb{N}^n$ darstellen, dessen i-te Komponente die Markenzahl auf s_i angibt. Es ist üblich, Markierungsvektoren als Spaltenvektoren aufzufassen. Im Beispiel aus Abbildung 1.1 lautet die Anfangsmarkierung

$$\mathbf{m}_0 = \begin{pmatrix} 3 \\ 0 \\ 1 \end{pmatrix}.$$

Die konstante relative Veränderung durch eine Transition ist ebenfalls als Vektor darstellbar; der i-te Eintrag gibt die Veränderung der Markenzahl auf der Stelle s_i beim Schalten der Transition an. Für die Transitionen unseres Beispiels lauten diese Veränderungsvektoren

$$\mathbf{t1} = \begin{pmatrix} 1 \\ 1 \\ -1 \end{pmatrix}, \quad \mathbf{t2} = \begin{pmatrix} 0 \\ -1 \\ 1 \end{pmatrix} \quad \text{und} \quad \mathbf{t3} = \begin{pmatrix} -2 \\ -1 \\ 1 \end{pmatrix}.$$

Falls das Schalten einer Transition t eine Markierung m in eine Markierung m' überführt, ist m' gemäß der Schaltregel durch die Gleichung

$$\mathbf{m}' = \mathbf{m} + \mathbf{t}$$

eindeutig bestimmt.

Das sequentielle Verhalten eines Petrinetzes mit einer Anfangsmarkierung m_0 ist durch endliche und unendliche Schaltfolgen von Transitionen gegeben. Jede Schaltfolge ist eine Sequenz von Transitionen des Netzes derart, daß m_0 die erste Transition aktiviert, die nach dem Schalten dieser Transition erreichte Markierung die zweite Transition aktiviert, u.s.w. In unserem Beispiel ist eine von vielen möglichen Schaltfolgen gegeben durch:

$$\mathtt{t1 \ \ t2 \ \ t1 \ \ t3 \ \ t1 \ \ t3} \ .$$

Die durch eine endliche Schaltfolge erreichte Markierung m läßt sich aus den jeweiligen Häufigkeiten der Transitionen in der Schaltfolge bestimmen: Falls für jede Transition t die Zahl k_t die Häufigkeit von t in der Schaltfolge angibt, so ergibt sich für die Markierung m:

$$\mathbf{m} = \mathbf{m}_0 + \sum_{t \in T} k_t \, \mathbf{t}.$$

Üblicherweise wird dieser Zusammenhang in einer Matrixdarstellung angegeben. Die Matrix mit den Spalten $\mathbf{t}_1 \ldots \mathbf{t}_l$ ist die sogenannte Inzidenzmatrix des Netzes N. Sie wird mit $\mathbf{N}$ bezeichnet: $\mathbf{N} = [\mathbf{t}_1 \cdots \mathbf{t}_l]$. Der Vektor $\mathbf{k}$ sei der Spaltenvektor, dessen i-te Komponente der Wert k_{t_i} ist ($1 \leq i \leq l$). Die Matrixdarstellung lautet dann

$$\mathbf{m} = \mathbf{m}_0 + \mathbf{N} \cdot \mathbf{k}.$$

In unserem Beispiel erhalten wir bei der oben angegebenen Schaltfolge die folgende Gleichung für die erreichte Markierung m:

$$\begin{pmatrix} 2 \\ 0 \\ 1 \end{pmatrix} = \begin{pmatrix} 3 \\ 0 \\ 1 \end{pmatrix} + \begin{pmatrix} 1 & 0 & -2 \\ 1 & -1 & -1 \\ -1 & 1 & 1 \end{pmatrix} \cdot \begin{pmatrix} 3 \\ 1 \\ 2 \end{pmatrix} \ .$$

Diese Berechnungsvorschrift für die Markierung m ist die wesentliche Grundlage der meisten in dieser Arbeit verwendeten Konzepte. Die Matrixdarstellung ist eine kompakte Repräsentation der Beziehungen zwischen Markierungen und Schalthäufigkeiten von Transitionen. Die linear-algebraischen Darstellungsformen erweisen sich als besonders geeignet, denn Konzepte und Ergebnisse der linearen Algebra lassen sich auf Netze übertragen und interpretieren.

Ein Beispiel dafür sei an dieser Stelle genannt: Leicht umgestellt liefert die oben angegebene Berechnungsvorschrift für die Markierung m eine notwendige Bedingung für die Erreichbarkeit einer Markierung m von der Anfangsmarkierung m_0 eines Netzes N: Die Markierungsgleichung der Markierung m

$$\mathbf{N} \cdot \mathbf{x} = \mathbf{m} - \mathbf{m}_0$$

muß eine Lösung für $\mathbf{x}$ mit Komponenten aus $I\!N$ besitzen. Insbesondere muß daher eine Lösung dieser Gleichung mit rationalen Komponenten existieren. Durch Angabe eines geeigneten Lösungsvektors $\mathbf{k}$ für die Variable $\mathbf{x}$ kann mit geringem Aufwand gezeigt werden, daß die notwendige Bedingung für Erreichbarkeit erfüllt ist. Umgekehrt kann häufig zum Beweis der Unerreichbarkeit einer Markierung gezeigt werden, daß die Markierungsgleichung keine Lösung für $\mathbf{x}$ besitzt. Dies ist für rationale Lösungen algorithmisch effizient möglich, z.B. mit Gauß-Elimination, führt aber nicht zu einem kurzen und leicht nachvollziehbaren Beweis.

Eine weitere bekannte notwendige Bedingung für die Erreichbarkeit einer Markierung ist durch Stelleninvarianten gegeben. Eine Stelleninvariante ist eine ganzzahlige Lösung $\mathbf{i}$ des Gleichungssystems

$$\mathbf{x} \cdot \mathbf{N} = (0, \ldots, 0) \,.$$

Es ist unschwer zu zeigen, daß für jede von der Anfangsmarkierung m_0 durch eine endliche Schaltfolge erreichbare Markierung m die Skalarprodukte $\mathbf{i} \cdot \mathbf{m_0}$ und $\mathbf{i} \cdot \mathbf{m}$ für jede Stelleninvariante $\mathbf{i}$ übereinstimmen. Mit Stelleninvarianten kann daher sehr einfach bewiesen werden, daß eine Markierung m nicht erreichbar sein kann: Es ist eine Stelleninvariante $\mathbf{i}$ anzugeben, die $\mathbf{i} \cdot \mathbf{m_0} \neq \mathbf{i} \cdot \mathbf{m}$ erfüllt. Dies ist allerdings im allgemeinen nicht für jede unerreichbare Markierung möglich.

Das in Abbildung 1.1 gezeigte Netz hat die Stelleninvariante

$$\mathbf{i} = (0, 1, 1).$$

In diesem Beispiel sind alle anderen Stelleninvarianten Vielfache von $\mathbf{i}$. Die Gleichung $\mathbf{i} \cdot \mathbf{m_0} = \mathbf{i} \cdot \mathbf{m}$ für beliebige von der Anfangsmarkierung erreichbare Markierungen m bedeutet hier, daß die Markensumme der Stellen $\mathbf{s2}$ und $\mathbf{s3}$ stets invariant den Wert eins behält. Also ist keine Markierung m erreichbar, die nicht

$$m(\mathbf{s1}) + m(\mathbf{s2}) = 1$$

erfüllt. In diesem Beispiel gilt sogar auch die umgekehrte Richtung: Jede Markierung, die diese Gleichung erfüllt, ist erreichbar. In späteren Kapiteln wird anhand von Gegenbeispielen gezeigt, daß mit Hilfe von Stelleninvarianten nicht immer die Menge aller erreichbarer Markierungen charakterisiert werden kann.

Sowohl die definierende Eigenschaft einer Stelleninvarianten $\mathbf{i}$ als auch die Ungleichung $\mathbf{i} \cdot \mathbf{m_0} \neq \mathbf{i} \cdot \mathbf{m}$ sind leicht zu verifizieren. Will man umgekehrt direkt zeigen, daß Stelleninvarianten zum Beweis der Unerreichbarkeit einer Markierung m von der Anfangsmarkierung m_0 nicht angewendet werden können, muß für jede Stelleninvariante i eines Erzeugendensystems aller Stelleninvarianten die Gleichheit $i \cdot m_0 = i \cdot m$ verifiziert werden.

Der in der linearen Algebra zentrale *Alternativensatz von Fredholm* (siehe Kapitel 2 oder [Schr86]) impliziert, daß eine rationale Lösung der Markierungsgleichung für eine Markierung m genau dann existiert, wenn $i \cdot m_0 = i \cdot m$ für alle Stelleninvarianten i gilt. Die Lösbarkeit der Markierungsgleichung ist also durch Angabe eines geeigneten Lösungsvektors zu zeigen, die Unlösbarkeit durch Angabe einer geeigneten Stelleninvarianten i, die $i \cdot m \neq i \cdot m_0$ erfüllt. Dieses Konzept ist damit im positiven wie im negativen Fall sowohl für die algorithmische Verifikation hilfreich, als auch bei der Formulierung kurzer und intuitiver Beweise. Formal läßt sich dieser Zusammenhang mittels deterministischer und nichtdeterministischer Algorithmen beschreiben: Während effektive Verifikationsverfahren auf deterministischen (oder wenigstens probabilistischen) Verfahren beruhen, entspricht die Formulierung eines kurzen Beweises für eine Eigenschaft einem effizienten nichtdeterministischen Algorithmus, der die passenden Beweisargumente "raten" und anschließend überprüfen kann, und damit weniger Schritte als das Verifikationsverfahren benötigt. In unserem Fall existiert für das Problem

Existiert eine rationale Lösung der Markierungsgleichung ?

ein effizienter nichtdeterministischer Algorithmus für den positiven Fall: Eine Lösung der Markierungsgleichung wird geraten und verifiziert. Im negativen Fall existiert ebenfalls ein effizienter nichtdeterministischer Algorithmus, der eine passende Stelleninvariante verwendet.

In [Schr86] werden Probleme charakterisiert, die sowohl in $\mathcal{NP}$ als auch in co$-\mathcal{NP}$ liegen, für die also im negativen wie im positiven Fall ein Beweis existiert, dessen Länge höchstens polynomiell mit der Aufgabenstellung wächst. Zu jedem derartigen Problem Π existiert stets eine *gute Charakterisierung*, das ist ein Satz der Art

$\exists x:$ x liefert einen Beweis für Π gdw. $\forall y:$ y liefert keinen Beweis für $\neg \Pi$.

Es sind gerade derartige Sätze, in denen Existenzquantoren und Allquantoren gegeneinander ersetzt werden können, die die wesentlichen anwendbaren Inhalte der Theorie linear-algebraischer Verfahren für Petrinetze ausmachen. In unserem Beispiel können auf der linken Seite Lösungen der Markierungsgleichung und auf der rechten Seite Stelleninvarianten, die mit beiden betrachteten Markierungen übereinstimmen, eingesetzt werden.

Vielfach kann der Vorteil von Algorithmen nicht durch starke komplexitätstheoretische Ergebnisse untermauert werden. Zum Beispiel ist unser Problem der rationalen Lösbarkeit der Markierungsgleichung in kubischer Zeit deterministisch lösbar und liegt damit in der Klasse $\mathcal{P}$, die sowohl Teilklasse von $\mathcal{NP}$ als auch von co$-\mathcal{NP}$ ist. Der Vorteil der genannten Charakterisierungen liegt aber darin, daß intuitiv verständliche Beweise – wie z.B. die Angabe einer Stelleninvariante – mit Verifikationsverfahren – wie der Suche nach einer rationalen Lösung der Markierungsgleichung – eng zusammenhängen. Es ist eine typische und oft genannte Eigenart der Petrinetze, daß sie strenge Formalität mit intuitiven Konzepten verbinden (siehe auch [Walt95], dort werden Stelleninvarianten als Bindeglied zwischen Intuition und Beweistechnik hervorgehoben).

Das zentrale Thema dieser Arbeit läßt sich auch folgendermaßen formulieren:

> *Welche Analysemethoden kann man aus der Inzidenzmatrix und der Markierungsgleichung gewinnen ?*

Tatsächlich steht die Inzidenzmatrix in allen Kapiteln dieses Buches im Vordergrund der Betrachtung.

Zunächst sollen im zweiten Kapitel die zum Teil bereits erwähnten Konzepte wie Gleichungs- und Ungleichungssysteme, Petrinetze und ihre Matrixrepräsentation, Stellen- und Transitionsinvarianten usw. formal definiert werden. Dynamische Eigenschaften markierter Netzen und ihre linear-algebraischen Konsequenzen werden angeführt. Kapitel drei widmet sich der Markierungsgleichung und notwendigen Bedingungen für die Erreichbarkeit einer Markierung. Invariante Eigenschaften aller erreichbaren Markierungen eines markierten Netzes werden im vierten Kapitel untersucht. Es wird ein Verifikationsverfahren für derartige Eigenschaften vorgestellt, das auf der Lösbarkeit von Ungleichungssystemen beruht. Sowohl bei der Erreichbarkeitsanalyse als auch bei der Verifikation von invarianten Eigenschaften spielen spezielle Strukturen in Netzen eine besondere Rolle, die wir Fallen bzw. Co-Fallen nennen. Das fünfte Kapitel zeigt, wie die Konzepte der vorhergehenden Kapitel durch Fallen und Co-Fallen ergänzt werden können. Das sechste Kapitel widmet sich Transitionen, die in jedem Ablauf schalten werden bzw. stets nach anderen Transitionen schalten werden. Es werden Verifikations- und Beweisverfahren für derartige Systemeigenschaften angegeben. Im siebten Kapitel werden die sogenannten Rangbedingungen bewiesen, die notwendige bzw. hinreichende Bedingungen für die Lebendigkeit von markierten Netzen angeben. Schließlich betrachten wir im achten Kapitel Anwendungen eines zentralen Satzes der linearen Programmierung – Farkas Lemma – auf Petrinetze. Die Aussagen dieses Kapitels konzentrieren sich auf die Netzstruktur und abstrahieren weitgehend von konkreten Anfangsmarkierungen.

Zu jedem Kapitel gibt es abschließend Literaturhinweise, in denen die Quellen der Ergebnisse und Zusammenhänge mit verwandten Konzepten genannt werden.

Literaturangaben

Die Bücher [Pete81], [Bram83], [Reis86], [Star91] und [DeEs95] sowie die Überblicksartikel [Pete77], [JaVa80] und [Mura89] enthalten jeweils Abschnitte über die Verwendung linear-algebraischer Methoden für Petrinetze. Zusammenfassende Beiträge speziell zu diesem Thema sind [MeRo80] und [Laut87a]. Literaturangaben zu speziellen Konzepten wie z.B. Stelleninvarianten oder der Markierungsgleichung sind jeweils am Ende des Kapitels zu finden, in denen die Konzepte formal eingeführt werden.

Die folgenden Arbeiten liegen am Rande des hier betrachteten thematischen Bereichs. Sie werden in diesem Buch nicht näher betrachtet, aber hier kurz skizziert.

Transitionen, deren relative Markierungsänderungen nicht konstant sind, sondern von der aktuellen Markierung anderer Stellen abhängt, sind in selbstmodifizierenden Netzen vorgesehen. [Valk93] zeigt, daß linear-algebraische Methoden teilweise und in anderer Form dennoch Anwendung finden.

In [Laut85] wird gezeigt, daß das Schalten von Transitionen und das regelbasierte Schließen Analogien aufweisen. Oft läßt sich die logische Abhängigkeit einer Formel von anderen Formeln durch eine entsprechende lineare Abhängigkeit in einem Netzmodell modellieren. Schaltfolgen, die die leere Markierung reproduzieren, entsprechen einerseits einer logischen Ableitung und andererseits einer realisierbaren Transitionsinvariante.

Die Verbindung von Petrinetzen einer eingeschränkten Klasse und anderen algebraischen Formalismen wird in [BCOQ92] vorgeschlagen. Die dort verwendete (max, +)-*Algebra* wird insbesondere mit Fragestellungen *diskreter Ereignis-Systeme* verbunden.

Lineare Programmierung und ganzzahlige Programming wird nicht ausschließlich bei Petrinetzen für die Analyse eingesetzt. [LaMa89], [AvCB91] und [CoAv95] zeigen Ergebnisse für andere Modelle. Allerdings entspricht die Grundlage dieser Arbeiten jeweils der Markierungsgleichung für Petrinetze.

Kapitel 2

Definitionen und elementare Ergebnisse

In diesem Kapitel werden die notwendigen Definitionen und Hilfsmittel zu Gleichungs- und Ungleichungssystemen sowie zu Petrinetzen mit ihrer Dynamik angeben. Eine ausführlichere Motivation und weitere Beispiele finden sich zum Beispiel in den Lehrbüchern [Reis86] und [Baum90].

2.1   Ungleichungssysteme

Wir verwenden als Bezeichner für Matrizen große fettgedruckte Buchstaben $\mathbf{A}, \mathbf{B}, \mathbf{C}$, für Vektoren kleine fettgedruckte Buchstaben $\mathbf{a}, \mathbf{b}, \mathbf{c}$, und für Zahlen Buchstaben a, b, c. Die Transponierte einer Matrix $\mathbf{A}$ wird mit $\mathbf{A}^\mathsf{T}$ notiert. Entsprechend ist für einen Zeilenvektor $\mathbf{a}$ der Vektor $\mathbf{a}^\mathsf{T}$ ein Spaltenvektor und umgekehrt. Für Variable, die über Vektoren variieren, verwenden wir $\mathbf{x}$ und $\mathbf{y}$. Variable über Zahlen werden mit x und y bezeichnet.

Wenn Matrizen miteinander oder mit Vektoren multipliziert oder verglichen werden, gehen wir stets davon aus, daß ihre Stelligkeiten zueinander passen. Das Produkt "·" zweier Vektoren ist stets das Skalarprodukt. Das Produkt von Vektoren oder Matrizen mit Zahlen ist komponentenweise definiert und wird durch Konkatenation (ohne "·") dargestellt.

Seien $\mathbf{a}$ und $\mathbf{b}$ Vektoren gleicher Stelligkeit mit Komponenten $a_1, \ldots, a_n$ und $b_1, \ldots, b_n$. Wir schreiben $\mathbf{a} \leq \mathbf{b}$, falls $a_i \leq b_i$ für alle i mit $1 \leq i \leq n$ gilt. Entsprechend bedeutet $\mathbf{a} < \mathbf{b}$, daß $a_i < b_i$ für alle i mit $1 \leq i \leq n$ gilt. Es gilt $\mathbf{a} \neq \mathbf{b}$, falls nicht $\mathbf{a} = \mathbf{b}$ gilt. Man beachte, daß daher $\mathbf{a} \leq \mathbf{b}$ zusammen mit $\mathbf{a} \neq \mathbf{b}$ nicht $\mathbf{a} < \mathbf{b}$ impliziert.

Mit $\mathbf{0}$ bezeichnen wir Vektoren, deren Einträge alle 0 sind. Jeder Vektor $\mathbf{a} > \mathbf{0}$ wird *positiv* genannt. Jeder Vektor $\mathbf{a} \geq \mathbf{0}$ wird *nichtnegativ* genannt.

Wenn M eine Menge und n eine natürliche Zahl ist, dann ist M^n die Menge aller n-stelligen Vektoren über M. Mit M^* bezeichnen wir die Menge aller Vektoren über M.

Eine *lineare Ungleichung* ist durch einen Vektor $\mathbf{a}$ und eine Zahl b gegeben und wird dargestellt in der Form $\mathbf{a} \cdot \mathbf{x} \leq b$. Die lineare Ungleichung ist *lösbar über einer Menge M*, wenn ein Lösungsvektor aus M^* für die Variable $\mathbf{x}$ existiert.

Ein *lineares Ungleichungssystem* ist durch eine Menge linearer Ungleichungen gegeben. Es ist lösbar, wenn ein Vektor existiert, der zugleich Lösung aller linearer Ungleichungen dieser Menge ist. Häufig verwenden wir für lineare Ungleichungssysteme eine matrixbasierte Darstellung $\mathbf{A} \cdot \mathbf{x} \leq \mathbf{b}$, in der die Vektoren $\mathbf{a}$ der linearen Ungleichungen die Zeilen der Matrix $\mathbf{A}$ sind und die Zahlen b die Komponenten von $\mathbf{b}$ sind. Weitere Darstellungsformen für lineare Ungleichungssysteme sind

$$\mathbf{A} \cdot \mathbf{x} \geq \mathbf{b} \text{ für } (-1)\,\mathbf{A} \cdot \mathbf{x} \leq (-1)\,\mathbf{b},$$

$$\mathbf{A} \cdot \mathbf{x} \leq \mathbf{b}, \mathbf{C} \cdot \mathbf{x} \leq \mathbf{d} \text{ für die Vereinigung der linearen Ungleichungen,}$$

$$\mathbf{A} \cdot \mathbf{x} = \mathbf{b} \text{ für } \mathbf{A} \cdot \mathbf{x} \leq \mathbf{b}, \mathbf{A} \cdot \mathbf{x} \geq \mathbf{b}.$$

Jedes *lineare Gleichungssystem* läßt sich also als spezielles Ungleichungssystem interpretieren.

Wir werden an verschiedenen Stellen Verfahren verwenden, die Lösungen zu einem gegebenen linearen Ungleichungssystem ermitteln. Wenn nicht anders angegeben, betrachten wir ausschließlich Matrizen $\mathbf{A}$ und Vektoren $\mathbf{b}$ über den rationalen Zahlen. Der Aufwand zur Ermittlung einer Lösung hängt davon ab, ob beliebige rationale oder ganzzahlige Lösungen gesucht werden, aus welcher Menge also die Einträge der Lösungsvektoren sind.

Die folgenden Ergebnisse sind zum Beispiel in [Schr86] zu finden.

Komplexität der Lösbarkeit linearer Ungleichungs- und Gleichungssysteme

> *Jedes lineare Ungleichungssystem über $\mathbb{Q}$ ist mit polynomiellem Zeitaufwand lösbar (lineare Programmierung).*

> *Die Lösbarkeit linearer Ungleichungssysteme über $\mathbb{Z}$ ist ein NP-vollständiges Problem (ganzzahlige lineare Programmierung, Variante 1).*

> *Die Lösbarkeit linearer Gleichungssysteme über $\mathbb{N}$ ist ein NP-vollständiges Problem (ganzzahlige lineare Programmierung, Variante 2).*

Bereits in der Einleitung haben wir den *Alternativensatz von Fredholm* verwendet. Hier ist er formal angegeben, sein Beweis ist in [Schr86] zu finden.

Alternativensatz von Fredholm

Seien $\mathbf{A}$ eine Matrix und $\mathbf{b}$ ein Vektor mit rationalen Elementen.

Genau eines der folgenden Gleichungssysteme hat eine Lösung in $\mathbb{Q}^*$.

$\mathbf{A} \cdot \mathbf{x} = \mathbf{b}$	$\mathbf{y} \cdot \mathbf{A} = \mathbf{0}, \, \mathbf{y} \cdot \mathbf{b} < 0$

Die Ungleichung $\mathbf{y} \cdot \mathbf{b} < 0$ kann äquivalent durch $\mathbf{y} \cdot \mathbf{b} \neq 0$ ersetzt werden (ersetze ggfs. $\mathbf{y}$ durch $(-1)\,\mathbf{y}$).

Bei der Anwendung dieses Satzes in der Einleitung war $\mathbf{A}$ die Inzidenzmatrix eines Netzes, $\mathbf{b}$ die Markierungsdifferenz $\mathbf{m} - \mathbf{m}_0$ und $\mathbf{y}$ eine Stelleninvariante. Wir werden an verschiedenen Stellen, insbesondere aber in Kapitel acht, lineare Ungleichungssysteme verwenden. Analog zum Alternativensatz von Fredholm gibt *Farkas Lemma* Alternativensätze für Ungleichungssysteme an. In folgender Tabelle sind die gebräuchlichsten Varianten angegeben, wie sie zum Teil in [Schr86] und in [Chvá83] zu finden sind, bzw. durch einfache Umformungen hergeleitet werden können.

Farkas Lemma

Seien $\mathbf{A}$ eine Matrix und $\mathbf{b}$ ein Vektor mit rationalen Elementen.

In jeder Zeile der folgenden Tabelle (Varianten von Farkas Lemma) ist genau eines der beiden Ungleichungssysteme lösbar in $\mathbb{Q}^*$.

1	$\mathbf{A} \cdot \mathbf{x} < \mathbf{0}$	$\mathbf{y} \cdot \mathbf{A} = \mathbf{0}, \, \mathbf{y} \geq \mathbf{0}, \, \mathbf{y} \neq \mathbf{0}$
2	$\mathbf{A} \cdot \mathbf{x} < \mathbf{0}, \, \mathbf{x} \geq \mathbf{0}$	$\mathbf{y} \cdot \mathbf{A} \geq \mathbf{0}, \, \mathbf{y} \geq \mathbf{0}, \, \mathbf{y} \neq \mathbf{0}$
3	$\mathbf{A} \cdot \mathbf{x} \leq \mathbf{0}, \, \mathbf{A} \cdot \mathbf{x} \neq \mathbf{0}$	$\mathbf{y} \cdot \mathbf{A} = \mathbf{0}, \, \mathbf{y} > \mathbf{0}$
4	$\mathbf{A} \cdot \mathbf{x} \leq \mathbf{0}, \, \mathbf{A} \cdot \mathbf{x} \neq \mathbf{0}, \, \mathbf{x} \geq \mathbf{0}$	$\mathbf{y} \cdot \mathbf{A} \geq \mathbf{0}, \, \mathbf{y} > \mathbf{0}$
5	$\mathbf{A} \cdot \mathbf{x} = \mathbf{b}, \, \mathbf{x} \geq \mathbf{0}$	$\mathbf{y} \cdot \mathbf{A} \geq \mathbf{0}, \, \mathbf{y} \cdot \mathbf{b} < 0$
6	$\mathbf{A} \cdot \mathbf{x} < \mathbf{b}$	$\mathbf{y} \cdot \mathbf{A} = \mathbf{0}, \, \mathbf{y} \cdot \mathbf{b} \leq 0, \, \mathbf{y} \neq \mathbf{0}$
7	$\mathbf{A} \cdot \mathbf{x} < \mathbf{b}, \, \mathbf{x} \geq \mathbf{0}$	$\mathbf{y} \cdot \mathbf{A} \geq \mathbf{0}, \, \mathbf{y} \cdot \mathbf{b} \leq 0, \, \mathbf{y} \geq \mathbf{0}, \, \mathbf{y} \neq \mathbf{0}$
8	$\mathbf{A} \cdot \mathbf{x} \leq \mathbf{b}$	$\mathbf{y} \cdot \mathbf{A} = \mathbf{0}, \, \mathbf{y} \cdot \mathbf{b} < 0, \, \mathbf{y} \geq \mathbf{0}$
9	$\mathbf{A} \cdot \mathbf{x} \leq \mathbf{b}, \, \mathbf{x} \geq \mathbf{0}$	$\mathbf{y} \cdot \mathbf{A} \geq \mathbf{0}, \, \mathbf{y} \cdot \mathbf{b} < 0, \, \mathbf{y} \geq \mathbf{0}$

Bis auf die linken Seiten der Varianten 5 - 9 haben alle rational lösbaren Ungleichungssysteme auch eine ganzzahlige Lösung, denn die Multiplikation mit dem (positiven) gemeinsamen Nenner der Komponenten eines rationalen Lösungsvektors ergibt jeweils wieder eine Lösung. Für die linken Seiten der Varianten 6 - 9 ist dies auch der Fall, sofern zusätzlich $\mathbf{b} \leq \mathbf{0}$ gilt.

2.2   Petrinetze und Markierungen

Wir betrachten Petrinetze mit und ohne Kantengewichten. In der folgenden Definition wählen wir die allgemeinere Form.

Definition 2.1

Ein *Petrinetz* (oder kürzer Netz) N besteht aus

- einer Menge S von *Stellen* (dargestellt durch Kreise),
- einer mit S disjunkten Menge T von *Transitionen* (Quadrate) und
- einer Multirelation $F\colon ((S \times T) \cup (T \times S)) \to I\!N$ (beschriftete Pfeile).

Wir betrachten nur Netze mit endlichen und nichtleeren Mengen von Stellen und Transitionen.

Notation 2.2

Elemente von eines Netzes sind alle Stellen und alle Transitionen. Wir bezeichnen die Menge aller Elemente eines Netzes N ebenfalls mit N.

Falls $F(x,y) > 0$ für zwei Netzelemente x und y gilt, dann gibt es im Netzgraphen eine *gerichtete Kante* (x,y). Falls $F(x,y) > 1$, so wird diese Kante mit dem Wert $F(x,y)$ beschriftet.

Bei *Netzen ohne Kantengewichte* wird durch F eine Relation ohne Vielfachheiten beschrieben. Dann sind im Bildbereich von F nur die Werte 0 und 1. In diesem Fall läßt sich F auch eindeutig durch die Menge der Kanten beschreiben.

Für linear-algebraische Verfahren ist es notwendig, Stellen und Transitionen Vektoren zuordnen zu können. Wie schon in der Einleitung beschrieben, betrachten wir stets eine beliebige, aber feste Indizierung der Stellenmenge eines Netzes

$$S = \{s_1, \ldots, s_n\} \text{ mit } n = |S|.$$

Dasselbe gilt für die Menge der Transitionen:

$$T = \{t_1, \ldots, t_l\} \text{ mit } l = |T|.$$

Mit diesen Notationen läßt sich jede Abbildung $\phi\colon S \to M$ der Stellenmenge in eine Menge M eindeutig als n-stelliger Vektor

$$\begin{pmatrix} \phi(s_1) \\ \vdots \\ \phi(s_n) \end{pmatrix}$$

darstellen. Entsprechend ist jede Abbildung $\phi\colon T \to M$ der Transitionsmenge in eine Menge M eindeutig darstellbar durch einen l-stelligen Vektor

$$(\phi(t_1) \ldots \phi(t_l)).$$

Derartige Vektoren werden auch *Stellen-* bzw. *Transitionsvektoren* genannt. Stellenvektoren sind meist Spaltenvektoren und Transitionsvektoren sind meist Zeilenvektoren.

Notation 2.3

Für jede Stelle s bezeichnet $\mathbf{e}_s$ den *Stelleneinheitsvektor*, dessen zu s gehörige Komponente den Wert 1 hat, während alle anderen Komponenten den Wert 0 haben. Entsprechend ist $\mathbf{e}_t$ der *Transitionseinheitsvektor* einer Transition t.

Sei M eine Menge von Stellen. Dann bezeichnet $\chi(M)$ den *charakteristischen Stellenvektor von* M, definiert als Summe der Stelleneinheitsvektoren aller Elemente von M. *Charakteristische Transitionsvektoren* von Transitionsmengen sind entsprechend definiert.

Die *Trägermenge* eines nichtnegativen Stellen- oder Transitionsvektors ist die Menge der Stellen bzw. Transitionen mit positiver Komponente.

Einige Begriffe aus der Graphentheorie lassen sich auf Petrinetze übertragen.

Notation 2.4

Für ein Element x eines Petrinetzes N bezeichnet

$$^\bullet x = \{y \in N \mid F(y, x) > 0\}$$

den *Vorbereich* von x und

$$x^\bullet = \{y \in N \mid F(x, y) > 0\}$$

den *Nachbereich* von x.

Für $X \subseteq N$ ist $^\bullet X = \bigcup_{x \in X} {}^\bullet x$ und $X^\bullet = \bigcup_{x \in X} x^\bullet$.

Ein *gerichteter Pfad* (oder kürzer nur *Pfad*) ist eine Sequenz $x_0 \ldots x_k$ von Elementen von N mit $x_i \in x_{i-1}^\bullet$ für alle i mit $1 \le i \le k$. Er *führt von* x_0 *nach* x_k.

Ein Netz heißt *stark zusammenhängend*, wenn zu je zwei Elementen x und y ein gerichteter Pfad existiert, der von x nach y führt.

Ein *ungerichteter Pfad* ist eine Sequenz $x_0 \ldots x_k$ von Elementen von N mit $x_i \in {}^\bullet x_{i-1} \cup x_{i-1}^\bullet$ für alle i mit $1 \le i \le k$. Er *führt von* x_0 *nach* x_k.

Ein Netz heißt *schwach zusammenhängend*, wenn zu je zwei Elementen x und y ein ungerichteter Pfad von x nach y führt.

Notation 2.5

Sei N ein Netz mit n Stellen. Jeder Transition t sind die Stellenvektoren $\mathbf{t}^-$ und $\mathbf{t}^+$ zugeordnet, welche die entsprechend gewichteten Vorbereichs- und Nachbereichsstellen angeben. Sie sind definiert durch

$$\mathbf{t}^- = \begin{pmatrix} F(s_1, t) \\ \vdots \\ F(s_n, t) \end{pmatrix} \quad \text{und} \quad \mathbf{t}^+ = \begin{pmatrix} F(t, s_1) \\ \vdots \\ F(t, s_n) \end{pmatrix}.$$

Mit $\mathbf{t}$ bezeichnen wir die Differenz $\mathbf{t}^+ - \mathbf{t}^-$.

Markierungen definieren Zustände eines Petrinetzes.

Definition 2.6

Sei N ein Netz mit Stellenmenge $S = \{s_1, \ldots, s_n\}$. Eine *Markierung* von N ist eine Abbildung $m \colon S \to \mathbb{N}$, die durch den Stellenvektor

$$\mathbf{m} = \begin{pmatrix} m(s_1) \\ \vdots \\ m(s_n) \end{pmatrix} \in \mathbb{N}^n$$

dargestellt wird.

Eine Stelle s heißt *markiert* von einer Markierung m, wenn $m(s) > 0$ gilt.

Graphisch wird eine Markierung durch eine entsprechende Anzahl Marken pro Stelle repräsentiert.

Elementare Zustandsübergänge sind durch das Schalten von Transitionen möglich. Die *Schaltregel* unterscheidet zwischen der *Aktivierungsbedingung* und der durch den Schaltvorgang bewirkten *Markierungstransformation*.

Definition 2.7

Eine Transition t eines Netzes ist *aktiviert* von einer Markierung m, wenn m jede Vorbereichsstelle von t hinreichend markiert, wenn also $\mathbf{m} \geq \mathbf{t}^-$ gilt. Falls eine Transition t von m aktiviert ist, dann kann sie *schalten* und überführt m in die Markierung m', definert durch $\mathbf{m}' = \mathbf{m} + \mathbf{t}$.

Jede Transition t definiert eine Relation $\xrightarrow{t}$ auf Markierungen: Es gilt genau dann $m \xrightarrow{t} m'$, wenn t von m aktiviert wird und m durch das Schalten von t in die Markierung m' überführt wird. Diese Relation ist rechtseindeutig; die Markierung m' ist aus m und t eindeutig bestimmt. Sie ist auch linkseindeutig.

2.3 Schaltfolgen

Die Schaltregel gibt an, wann eine Transition t von einer Markierung m aktiviert ist und welchen Markierungsübergang $m \xrightarrow{t} m'$ sie bewirkt. Eine weitere Transition t' kann nun von m' aktiviert sein und zu der Markierung m'' führen: $m \xrightarrow{t} m' \xrightarrow{t'} m''$. Von m aus können also nacheinander die Transitionen t und t' schalten, und wir können t und t' zu einer Sequenz zusammenfassen.

Definition 2.8

Sei N ein Netz und m_1 eine Markierung von N.

Eine endliche Sequenz $\sigma = t_1 \ldots t_k$ heißt *von m_1 aktivierte endliche Schaltfolge der Länge k*, wenn Markierungen $m_2, \ldots, m_{k+1}$ existieren, so daß

$$m_1 \xrightarrow{t_1} m_2 \xrightarrow{t_2} \cdots \xrightarrow{t_k} m_{k+1}.$$

Eine unendliche Sequenz $\sigma = t_1 t_2 t_3 \ldots$ heißt *von m_1 aktivierte unendliche Schaltfolge*, wenn Markierungen $m_2, m_3, \ldots$ existieren, so daß

$$m_1 \xrightarrow{t_1} m_2 \xrightarrow{t_2} m_3 \xrightarrow{t_3} \cdots.$$

Falls σ endlich und die letzte erreichte Markierung m_{k+1} ist, schreiben wir auch $m_1 \xrightarrow{\sigma} m_{k+1}$.

Die leere Sequenz ε wird von jeder Markierung m aktiviert, und es gilt $m \xrightarrow{\varepsilon} m$.

Eine Markierung m' ist *erreichbar* von einer Markierung m, wenn eine (evtl. leere) endliche Schaltfolge $m \xrightarrow{\sigma} m'$ existiert. Die Markierung m' wird dann *Folgemarkierung* von m genannt.

Die Aussagen der folgenden Proposition folgen nahezu unmittelbar aus den Definitionen.

Proposition 2.9

(i) *Falls $m \xrightarrow{\sigma} m'$ eine endliche Schaltfolge ist und m' die Schaltfolge σ' aktiviert, dann ist $\sigma\,\sigma'$ ebenfalls eine von m aktivierte Schaltfolge.*

(ii) *Eine unendliche Transitionssequenz σ wird genau dann durch eine Markierung m aktiviert, wenn jedes endliche Präfix von σ durch m aktiviert wird.* $\qquad\square$

2.4   Die Inzidenzmatrix und die Markierungsgleichung

Definition 2.10

Sei N ein Netz mit n Stellen und l Transitionen.

Die $n \times l$-Matrix $\mathbf{N} = [\mathbf{N}_{(i,j)}]$ mit

$$\mathbf{N}_{(i,j)} = F(t_j, s_i) - F(s_i, t_j)$$

heißt *Inzidenzmatrix* von N.

Wir werden die Inzidenzmatrix eines Netzes N stets mit einem fettgedruckten $\mathbf{N}$ bezeichnen. Die i-te Spalte von $\mathbf{N}$ entspricht dem Vektor $\mathbf{t}_i$ der Transition t_i von N.

Wie in der Einleitung beschrieben, läßt sich für jede endliche Schaltfolge die erreichte Markierung durch die Markierungsgleichung errechnen. Hierzu benötigen wir einen Vektor, der die Häufigkeiten der Transitionen in einer Schaltfolge angibt:

Definition 2.11

Sei N ein Netz mit l Transitionen. Für eine endliche Sequenz σ von Transitionen bezeichnet $\vec{\sigma}$ den *Parikh-Vektor* von σ, der definiert ist durch

$$\vec{\sigma} = (\vec{\sigma}(t_1) \ \ldots \ \vec{\sigma}(t_l)) \in I\!N^l \, ,$$

wobei $\vec{\sigma}(t_i)$ die Häufigkeit von t_i in σ angibt $(1 \leq i \leq l)$.

Unmittelbar aus diesen Definitionen ergibt sich der folgende Satz:

Satz 2.12

Sei $m_0 \xrightarrow{\ \sigma\ } m$ *eine endliche Schaltfolge eines Netzes* N. *Dann gilt*

$$\mathbf{m}_0 + \mathbf{N} \cdot \vec{\sigma} = \mathbf{m}.$$

$\square$

Als wichtiges Korollar erhalten wir eine notwendige Bedingung für die Erreichbarkeit einer Markierung:

Korollar 2.13

Wenn eine Markierung m eines Netzes N von einer Markierung m_0 erreichbar ist, dann hat die Gleichung

$$\mathbf{N} \cdot \mathbf{x} = \mathbf{m} - \mathbf{m}_0$$

eine Lösung für $\mathbf{x}$ aus $\mathbb{N}^*$. □

Notation 2.14

Die im vorigen Korollar angegebene Gleichung heißt *Markierungsgleichung* der Markierung m, bei gegebenem Netz N und Anfangsmarkierung m_0.

Für jede *endliche* Sequenz von Transitionen eines Netzes findet man eine Markierung, die diese Sequenz aktiviert. Dies gilt zum Beispiel für eine Markierung, die jeder Stelle mehr Marken zuordnet als das Produkt aus der Länge der Sequenz und dem größten Kantengewicht des Netzes ausmacht. Bei gegebener Anfangsmarkierung existiert allerdings im allgemeinen keine derartige *erreichbare* Markierung. Auch gilt die Aussage nicht für beliebige *unendliche* Sequenzen. Da jeder Transitionsvektor, dessen Komponenten natürliche Zahlen sind, als Parikh-Vektor einer Transitionssequenz dargestellt werden kann, erhalten wir das folgende Lemma:

Lemma 2.15

Sei $\mathbf{k} \in \mathbb{N}^*$ ein Transitionsvektor eines Netzes N.

Es existieren Markierungen m, m' und eine Schaltfolge $m \xrightarrow{\sigma} m'$ von N derart, daß $\mathbf{k}$ der Parikh-Vektor von σ ist. □

2.5 Markierte Netze und ihre Eigenschaften

Definition 2.16

Ein *markiertes Netz* besteht aus einem Netz N und einer Markierung m_0 von N, die *Anfangsmarkierung* genannt wird.

Die *in einem markierten Netz erreichbaren Markierungen* sind die von der Anfangsmarkierung aus erreichbaren Markierungen (insbesondere gehört die Anfangsmarkierung selbst dazu).

Wir werden die in der Petrinetz-Theorie gebräuchlichen Verhaltenseigenschaften *Sicherheit*, *Beschränktheit*, *Lebendigkeit* und *Verklemmungsfreiheit* definieren und verwenden. Die Begriffe "Lebendigkeit" und "Sicherheit" führen leicht zu einer Verwechslung mit *Lebendigkeits-* bzw. *Sicherheitseigenschaften* im Sinne der Temporalen Logik, wie sie zuerst in [Lamp77] erwähnt werden. Diese Klassifikation von Systemeigenschaften bezieht sich allerdings auf Ablaufbeschreibungen, die nur aus Sequenzen von Zuständen bestehen. Die hier verwendeten Begriffe wurden für Petrinetze schon in [CHEP71] angegeben.

Definition 2.17

Sei N ein Netz mit Anfangsmarkierung m_0.

Eine Stelle s von N heißt *beschränkt* durch eine Schranke k, wenn $m(s) \leq k$ für jede erreichbare Markierung m gilt. Das markierte Netz heißt *beschränkt*, wenn alle seine Stellen beschränkt sind.

Eine Stelle s, die durch 1 beschränkt ist, wird *sicher* genannt.[1] Wenn alle Stellen sicher sind, nennen wir das markierte Netz *sicher*.

Eine Transition t von N heißt *tot* unter einer Markierung m, wenn sie von keiner Folgemarkierung von m aktiviert wird.

Das markierte Netz heißt *lebendig*, wenn unter keiner erreichbaren Markierung eine tote Transition existiert, jede Transition also immer wieder aktiviert werden kann.

Es heißt *tot*, wenn keine Transition aktiviert ist.

Es heißt *verklemmungsfrei*, wenn unter keiner erreichbaren Markierung alle Transitionen tot sind.

Notation 2.18

Wir übertragen diese Eigenschaften von markierten Netzen auf Markierungen. So nennen wir z.B. eine Markierung m von N beschränkt, wenn das Netz N mit Anfangsmarkierung m beschränkt ist. Ein lebendig markiertes Netz ist ein Netz mit lebendiger Anfangsmarkierung.

Eine beschränkte Stelle entspricht einem endlichen Speicherelement, in dem kein "Überlauf" stattfinden kann, sondern dessen Füllstand durch eine obere Schranke begrenzt ist. In einem sicheren markierten Netz läßt sich jede Stelle als Bedingung interpretieren, die nur die Zustände "erfüllt" oder "unerfüllt"

---

[1] Eine Intuition dieses Begriffes ist durch Anwendungen gegeben, bei denen ein Zusammentreffen mehrerer Dinge an einem Ort unerwünscht ist, z.B. Eisenbahnen auf einem Gleisstück.

haben kann. Im Gegensatz zu elementaren Netz-Systemen [Thia87], in denen diese Eigenschaft durch die Berücksichtigung von *Kontaktsituationen* in der Aktivierungsbedingung von Transitionen gewährleistet wird, ist in sicher markierten Netzen schlicht keine Markierung erreichbar, die die Sicherheitsbedingung verletzt.

Ein lebendig markiertes Netz hat keine *partiellen* Verklemmungen. Verklemmungsfreiheit bedeutet schließlich, daß keine *totalen* Verklemmungszustände erreicht werden können.

Proposition 2.19

Ein markiertes Netz ist genau dann beschränkt, wenn die Menge erreichbarer Markierungen endlich ist.

Beweis:

($\Rightarrow$) Wir betrachten nur Netze mit endlichen Stellenmengen. Bei n Stellen und maximaler oberer Schranke k sind höchstens $(k+1)^n$ Markierungen erreichbar.

($\Leftarrow$) Bei endlich vielen erreichbaren Markierungen sind obere Schranken für die Markenzahlen durch die maximal vorkommenden Markenzahlen gegeben.

$\square$

2.6 Stelleninvarianten

Stelleninvarianten sind bereits in der Einleitung dieser Arbeit angesprochen worden. Sie sind definiert als ganzzahlige Lösungen homogener Gleichungssysteme.

Definition 2.20

Sei N ein Netz mit Inzidenzmatrix $\mathbf{N}$.

Jede ganzzahlige Lösung von $\mathbf{y} \cdot \mathbf{N} = \mathbf{0}$ ist eine *Stelleninvariante* von N.

Stelleninvarianten werden meist mit $\mathbf{i}$ bezeichnet. Ihre fundamentale Eigenschaft folgt unmittelbar aus der Markierungsgleichung:

Satz 2.21

Wenn eine Markierung m von einer Markierung m_0 erreichbar ist, dann gilt $\mathbf{i} \cdot \mathbf{m} = \mathbf{i} \cdot \mathbf{m}_0$ für jede Stelleninvariante $\mathbf{i}$. $\qquad\square$

Umgekehrt lassen sich Stelleninvarianten via erreichbarer Markierungen charakterisieren:

Satz 2.22

Sei N ein Netz mit einer Anfangsmarkierung m_0, unter der keine Transition tot ist, und sei i ein ganzzahliger Stellenvektor.

Wenn für jede erreichbare Markierung m die Gleichung $i \cdot m = i \cdot m_0$ erfüllt ist, dann ist i eine Stelleninvariante.

Beweis:

Die Voraussetzung impliziert, daß für jede Transition t erreichbare Markierungen m und m' existieren, so daß $m \xrightarrow{t} m'$. Wegen $m + t = m'$ und $i \cdot m = i \cdot m_0 = i \cdot m'$ gilt $i \cdot t = 0$. Die Aussage folgt schließlich aus der Definition der Inzidenzmatrix. $\qquad\square$

Satz 2.23

Sei s eine Stelle eines Netzes.

Falls eine Stelleninvariante i mit $i^\top \geq e_s$ existiert, ist s für jede Anfangsmarkierung beschränkt.

Beweis:

Wegen $i^\top \geq e_s$ erfüllt jede Markierung m die Ungleichung $m(s) \leq i \cdot m$. Für jede Anfangsmarkierung m_0 ist daher der Wert $i \cdot m_0$ eine obere Schranke der Markenzahl auf s für alle erreichbaren Markierungen. $\qquad\square$

Korollar 2.24

Falls ein Netz eine Stelleninvariante $i > 0$ besitzt, dann ist jede seiner Anfangsmarkierungen beschränkt. $\qquad\square$

Die folgenden Ergebnisse formulieren Beziehungen zwischen Stelleninvarianten und Transitionen.

Satz 2.25

Sei s eine Stelle eines Netzes, und sei i eine Stelleninvariante mit $i^\top \geq e_s$.

Falls $i \cdot m_0 = 0$ für eine Anfangsmarkierung m_0 gilt, dann sind alle Transitionen in ${}^\bullet s \cup s^\bullet$ unter m_0 tot.

Beweis:

Per Kontraposition.

Wenn eine Transition aus ${}^\bullet s \cup s^\bullet$ je schalten kann, ist eine Markierung m erreichbar, die s markiert. Diese Markierung erfüllt aber $i \cdot m > 0$, im Widerspruch zu $i \cdot m_0 = 0$. $\qquad\square$

Als Korollar erhalten wir die folgende Beziehung zwischen Stelleninvarianten und lebendigen Anfangsmarkierungen. Hier müssen wir "isolierte" Stellen ausschließen, da auch stets unmarkierte isolierte Stellen der Lebendigkeit aller Transitionen nicht widersprechen.

Korollar 2.26

Angenommen, für jede Stelle s eines Netzes N gilt $^{\bullet}s \cup s^{\bullet} \neq \emptyset$.

Wenn m_0 eine lebendige Anfangsmarkierung von N ist, dann gilt $\mathbf{i} \cdot \mathbf{m}_0 > 0$ für jede Stelleninvariante $\mathbf{i} \geq \mathbf{0}$, $\mathbf{i} \neq \mathbf{0}$ von N. $\qquad\square$

2.7 Transitionsinvarianten

Transitionsinvarianten sind analog zu Stelleninvarianten definiert.

Definition 2.27

Sei N ein Netz mit Inzidenzmatrix $\mathbf{N}$.

Jede ganzzahlige Lösung des Gleichungssystems $\mathbf{N} \cdot \mathbf{x} = \mathbf{0}$ ist eine *Transitionsinvariante* von N.

Transitionsinvarianten werden meist mit $\mathbf{j}$ bezeichnet. Ihre fundamentale Eigenschaft folgt direkt aus der Markierungsgleichung:

Satz 2.28

Sei N ein Netz, und sei $m \xrightarrow{\sigma} m'$ eine Schaltfolge von N.

Der Parikh-Vektor $\vec{\sigma}$ von σ ist genau dann eine Transitionsinvariante, wenn $m = m'$ gilt. $\qquad\square$

In einem markierten Netz existiert zu einer nichtnegativen Transitionsinvariante $\mathbf{j}$ nicht notwendigerweise eine erreichbare Markierung m und eine von m aktivierte Schaltfolge σ, deren Parikh-Vektor $\mathbf{j}$ ist.

Notation 2.29

Eine Transitionsinvariante $\mathbf{j}$ wird *realisierbar* in einem markierten Netz genannt, wenn sie Parikh-Vektor einer Schaltfolge ist, die von einer erreichbaren Markierung aktiviert wird.

Satz 2.30

Sei N ein Netz mit beschränkter Anfangsmarkierung m_0.

(1) *Wenn m_0 verklemmungsfrei ist, dann existiert eine realisierbare Transitionsinvariante $\mathbf{j} \geq \mathbf{0}$, $\mathbf{j} \neq \mathbf{0}$.*

(2) *Wenn m_0 lebendig ist, dann existiert eine realisierbare Transitionsinvariante $\mathbf{j} > \mathbf{0}$.*

Beweis:

(1) Jede verklemmungsfreie Anfangsmarkierung aktiviert wenigstens eine unendliche Schaltfolge. In dieser Schaltfolge wird aufgrund der Beschränktheit wenigstens eine Markierung m mehrfach erreicht. Also existiert eine nichtleere Schaltfolge $m \xrightarrow{\ \sigma\ } m$. Der Parikh-Vektor $\vec{\sigma}$ von σ ist eine Transitionsinvariante, und er erfüllt $\vec{\sigma} \geq \mathbf{0}$, $\vec{\sigma} \neq \mathbf{0}$.

(2) Wenn die Anfangsmarkierung außerdem lebendig ist, dann existiert eine unendliche Schaltfolge, die alle Transitionen unendlich häufig enthält. Diese Schaltfolge läßt sich in unendlich viele endliche Schaltfolgen zerlegen, die jeweils alle Transitionen enthalten. Die jeweils nach diesen Schaltfolgen erreichten Markierungen können nicht alle verschieden sein, weil die Anfangsmarkierung beschränkt ist. Folglich existiert eine Schaltfolge $m \xrightarrow{\ \sigma\ } m$, in der alle Transitionen wenigstens einmal vorkommen. Der Parikh-Vektor $\vec{\sigma}$ von σ ist eine Transitionsinvariante, die $\vec{\sigma} > \mathbf{0}$ erfüllt. $\square$

Wir beenden dieses Kapitel mit einem etwas aufwendiger zu zeigenden Ergebnis. Es besagt intuitiv, daß jedes Netz mit positiver Stelleninvariante und positiver Transitionsinvariante von Kreisen überdeckt ist. Falls es schwach zusammenhängt, ist es also auch stark zusammenhängend.

Satz 2.31

Jedes zusammenhängende Netz mit einer positiven Stelleninvariante und einer positiven Transitionsinvariante ist stark zusammenhängend.

Beweis:

Sei $N = (S, T, F)$ ein zusammenhängendes Netz, sei $\mathbf{i} > \mathbf{0}$ eine Stelleninvariante, und sei $\mathbf{j} > \mathbf{0}$ eine Transitionsinvariante von N. Wir zeigen nur, daß für jede Kante (x, y) von N ein Pfad von y nach x führt. Das Ergebnis folgt aus den Definitionen von schwachem und starkem Zusammenhang eines Netzes.

Sei also (x, y) eine Kante von N, d.h. seien x und y Elemente von N so daß $F(x, y) > 0$.

Fall 1: x ist eine Stelle s und y ist eine Transition t.

Wir definieren einen Transitionsvektor $\mathbf{j}' = (\mathbf{j}'(t_1)\ldots\mathbf{j}'(t_l))$ durch

$$\mathbf{j}'(u) = \begin{cases} \mathbf{j}(u) & \text{falls ein gerichteter Pfad von } t \text{ nach } u \text{ führt,} \\ 0 & \text{sonst.} \end{cases}$$

Sei r eine Stelle von N. Angenommen, $\mathbf{j}'(u) = 0$ für jede Transition $u \in {}^\bullet r$. Da $\mathbf{j}'$ definiert ist als ein Vektor ohne negative Komponenten, gilt

$$0 = \sum_{u \in {}^\bullet r} \mathbf{j}'(u) \le \sum_{u \in r^\bullet} \mathbf{j}'(u).$$

Falls $\mathbf{j}'(u) = \mathbf{j}(u) > 0$ für eine Transition $u \in {}^\bullet r$ gilt, dann existiert ein Pfad von t nach r. Also existiert auch für alle Transitionen in $r^\bullet$ ein derartiger Pfad, und es gilt $\mathbf{j}'(u) = \mathbf{j}(u) > 0$ für jede Transition $u \in r^\bullet$. Wir erhalten damit

$$0 < \sum_{u \in {}^\bullet r} \mathbf{j}'(u) \le \sum_{u \in {}^\bullet r} \mathbf{j}(u) = \sum_{u \in r^\bullet} \mathbf{j}(u) = \sum_{u \in r^\bullet} \mathbf{j}'(u).$$

Da $\mathbf{N} \cdot \mathbf{j}'$ ein Stellenvektor ist, dessen Eintrag für jede Stelle r durch

$$\sum_{u \in {}^\bullet r} \mathbf{j}'(u) - \sum_{u \in r^\bullet} \mathbf{j}'(u)$$

gegeben ist, hat dieser Vektor keine echt positiven Komponenten. Die Multiplikation mit der Stelleninvarianten $\mathbf{i}$ liefert $\mathbf{i} \cdot \mathbf{N} \cdot \mathbf{j}' = 0$. Da $\mathbf{i}$ nur positive Komponenten besitzt, kann $\mathbf{N} \cdot \mathbf{j}'$ auch keine negativen Komponenten besitzen, und wir erhalten $\mathbf{N} \cdot \mathbf{j}' = \mathbf{0}$. Der Vektor $\mathbf{j}'$ ist daher eine Transitionsinvariante. Es gelten also die folgenden Ungleichungen:

$$\begin{aligned}
\sum_{u \in {}^\bullet s} \mathbf{j}'(u) &= \sum_{u \in s^\bullet} \mathbf{j}'(u) && (\mathbf{j}' \text{ ist eine Transitionsinvariante}) \\
&\ge \mathbf{j}'(t) && (t \in s^\bullet) \\
&= \mathbf{j}(t) && (\text{Definition von } \mathbf{j}') \\
&> 0 && (\mathbf{j} \text{ ist eine positive Transitionsinvariante})
\end{aligned}$$

Also existiert eine Transition $u \in {}^\bullet s$, die $\mathbf{j}'(u) > 0$ erfüllt. Aufgrund der Definition von $\mathbf{j}'$ gibt es damit einen Pfad $t \ldots u$. Die Verlängerung dieses Pfades um die Stelle s liefert einen Pfad von t nach s.

Fall 2: x ist eine Transition t und y ist eine Stelle s.

Wir betrachten das Netz $N' = (T, S, F)$, in dem die Stellen von N Transitionen sind und umgekehrt. Die Inzidenzmatrix $\mathbf{N}'$ von N' ist $(-1)\,\mathbf{N}^\mathsf{T}$. Also ist $\mathbf{i}$ positive Transitionsinvariante und $\mathbf{j}$ positive Stelleninvariante von N'.

Die Kante (t, s) führt von einer Stelle von N' zu einer Transition von N'. Wie für Fall 1 gezeigt wurde, enthält N' einen Pfad von der Transition s zu der Stelle t. In N führt dieser Pfad von der Stelle s zu der Transition t. $\qquad \square$

Literaturangaben

Verbindungen zwischen Netztheorie und Linearer Algebra wurden schon recht früh publiziert. [LaSc74] und [Laut75] führen Stelleninvarianten ein. [Ramc74] betrachtet Transitionsinvarianten, verwendet aber andere Notationen. Weitere frühe einschlägige Referenzen sind [Lien76] und [Mura77]; die letztere Arbeit geht besonders auf die Markierungsgleichung ein.

Ein Schwerpunkt in der Literatur zu Netzen und Stelleninvarianten ist die Berechnung *minimaler Stelleninvarianten* eines Netzes. Eine Stelleninvariante $\mathbf{i} \geq \mathbf{0}$, $\mathbf{i} \neq \mathbf{0}$ ist minimal, wenn keine andere Stelleninvariante $\mathbf{i}' \geq \mathbf{0}$, $\mathbf{i}' \neq \mathbf{0}$ eine echt kleinere *Trägermenge* als $\mathbf{i}$ besitzt (keine Stelle s erfüllt $i(s) > 0$ und $i'(s) = 0$). Minimale Stelleninvarianten helfen, sequentielle Komponenten eines netzmodellierten nebenläufigen Systems zu ermitteln [Hack72]. Da wir in diesem Buch Minimalität von Stelleninvarianten nicht weiter verwenden, geben wir nur hier ein kurzer Überblick über die wesentlichen Ergebnisse.

Das Hauptergebnis in diesem Bereich besagt, daß stets ein Erzeugendensystem minimaler Stelleninvarianten existiert derart, daß jede nichtnegative Stelleninvariante durch eine positive Linearkombination von Vektoren dieses Erzeugendensystems dargestellt werden kann. Ein Beweis des entsprechenden *Dekompositionstheorems* ist z.B. in [MeRo80], [Star91] und [DeEs95] angegeben.

Ansätze zur Lösung ganzzahliger homogener Gleichungssysteme findet man bereits in [Fark02]. Sie wurden für Anwendungen im Bereich der Petrinetze von verschiedenen Autoren "wiederentdeckt" [MaSi82], und [AlTo85]. Ein Algorithmus zur Bestimmung minimaler Lösungen der Markierungsgleichung in den rationalen Zahlen ist in [MeVa87] angegeben. [Trèv90] enthält eine vergleichende Übersicht zu Ansätzen, die die exponentielle Komplexität von Farkas ursprünglichem Algorithmus durch Heuristiken zu umgehen versuchen. Eine derartige Heuristik wurde in [MaSi82] entwickelt. Unter Verwendung des Rangs der Inzidenzmatrix erlaubt sie die sukzessive Elimination sehr vieler nichtminimaler Stelleninvarianten. [CoSi91a] ist eine weitere Arbeit, in der Algorithmen zur Berechnung minimaler Stelleninvarianten verglichen werden.

Ein verwandtes Problem wird in [KrJa87] analysiert; dort werden Stelleninvarianten $\mathbf{i} \geq \mathbf{0}$, $\mathbf{i} \neq \mathbf{0}$ betrachtet, die nicht Summe anderer nichtnegativer Stelleninvarianten sind. Es werden verschiedene Generierungsalgorithmen derartiger Stelleninvarianten vorgestellt. Dazu gehört insbesondere ein zuvor in [Pasc86] beschriebenes Verfahren.

Wenn man von der Petrinetz-Notation abstrahiert, läßt sich die Fragestellung nach minimalen Stelleninvarianten als Fragestellung zu diophantischen Gleichungssystemen formulieren. In [ClFo89] ist ein effizientes Verfahren zu dieser Fragestellung angegeben.

Kapitel 3

Erreichbarkeit von Markierungen

Es ist entscheidbar, ob eine gegebene Markierung von der Anfangsmarkierung eines markierten Netzes erreichbar ist. Dieses Ergebnis von E. W. Mayr aus dem Jahre 1980 (publiziert in [Mayr84]) löste eine lange offene Frage. Es hat wichtige Konsequenzen, wie zum Beispiel die Entscheidbarkeit der Lebendigkeit einer Markierung. In Anwendungen ist die unmittelbare Bedeutung des Erreichbarkeitsproblems aber beschränkt; häufig interessiert bei der Verifikation von Systemen vielmehr die Frage, ob jede erreichbare Markierung gewisse Eigenschaften erfüllt. Diese Frage wird im folgenden Kapitel dieses Buches behandelt, ihre Lösung baut aber auf der Erreichbarkeit von Markierungen und den Ergebnissen dieses Kapitels auf. Das Erreichbarkeitsproblem, bzw. genau genommen das Nichterreichbarkeitsproblem, ist als Spezialfall dieser Frage aufzufassen:

> "Hat jede erreichbare Markierung die Eigenschaft, sich von einer bestimmten angegebenen Markierung zu unterscheiden?"

Jeder Algorithmus zur Entscheidung des Erreichbarkeitsproblems für den allgemeinen Fall hat eine extrem hohe Komplexität, denn schon für einfache Teilklassen von Netzen ist das Erreichbarkeitsproblem EXPSPACE-hart [CaLM76]. Wir geben hier notwendige Bedingungen für die Erreichbarkeit einer Markierung an, die unmittelbar aus der Markierungsgleichung folgen. Sie können mit geringem Aufwand entschieden bzw. bewiesen oder widerlegt werden.

Im ersten Abschnitt dieses Kapitels diskutieren wir die Unterschiede zwischen den Problemen, Eigenschaften zu entscheiden, zu beweisen oder zu widerlegen. Für jede erreichbare Markierung besitzt die Markierungsgleichung eine Lösung über den natürlichen Zahlen, wie in der Einleitung gezeigt wurde. Die durch die Markierungsgleichung generierte Eigenschaft von Markierungen wird im zweiten Abschnitt untersucht. Da die Existenz einer Lösung der Markierungsgleichung über den natürlichen Zahlen nicht polynomiell entschieden werden kann, schwächen wir die Forderung in den Abschnitten drei, vier und fünf auf rationale, auf positiv rationale und auf ganzzahlige Lösungen ab. Die im fünften Abschnitt eingeführten Modulo-Stelleninvarianten werden im sechsten Abschnitt weiter untersucht.

3.1   Entscheidung, Beweis und Widerlegung notwendiger Bedingungen

Wir betrachten in diesem Kapitel die Frage nach der Erreichbarkeit einer gegebenen Markierung in einem markierten Netz. Aus Komplexitätsgründen bemühen wir uns aber nicht um Verfahren, die diese Eigenschaft selbst in allen Fällen lösen können, sondern konzentrieren uns auf möglichst aussagekräftige notwendige Bedingungen.

Jede notwendige Bedingung für die Erreichbarkeit der Markierung charakterisiert eine Eigenschaft, die wenigstens alle erreichbaren Markierungen besitzen. Wenn eine Markierung diese Eigenschaft also nicht besitzt, beweist dies die Unerreichbarkeit dieser Markierung. Je weniger Markierungen eine derartige Eigenschaft besitzen, obwohl sie nicht erreichbar sind, desto nutzbringender ist die Eigenschaft bei der Erreichbarkeitsanalyse. Weitere wichtige Kriterien für derartige Eigenschaften sind der notwendige Aufwand zur *Entscheidung*, der Aufwand für den *Beweis* oder der Aufwand für die *Widerlegung* der Eigenschaft.

Bei Entscheidungsverfahren geht es darum herauszufinden, ob die Eigenschaft erfüllt ist oder nicht. Bei einem Beweis- bzw. Widerlegungsverfahren ist dagegen das Ziel, einen Beweis für die Gültigkeit einer Eigenschaft zu formulieren, oder einen Beweis dafür zu formulieren, daß eine Eigenschaft nicht gilt. Diese Beweise sollen möglichst kurz, elegant und nachvollziehbar sein. Jede Ausgabe eines Entscheidungsverfahrens läßt sich als Beweis dafür werten, daß die Eigenschaft gültig ist oder daß dies nicht der Fall ist. Oftmals ist ein direkter Beweis aber wesentlich kürzer, eleganter oder intuitiver mit anderen Methoden formulierbar. Der Unterscheidung zwischen den Problemen, einen Beweis zu finden und einen Beweis zu formulieren, entspricht in der Theoretischen

Informatik der Gegensatz zwischen *deterministischen* und *nichtdeterministischen* Algorithmen: Ein deterministischer Algorithmus beschreibt ein implementierbares Verfahren, während ein nichtdeterministischer Algorithmus einer Beweisführung entspricht; die richtigen Argumente werden "geraten", und die Aussage wird mit ihrer Hilfe bewiesen, indem die Argumente jeweils überprüft werden. Je kürzer der Beweis ist, desto effizienter ist der nichtdeterministische Algorithmus.

Für alle betrachteten Eigenschaften von Markierungen, die jeweils notwendig für Erreichbarkeit sind, untersuchen wir die folgenden Fragen:

Die Ausdruckskraft

Welche Markierungen haben die Eigenschaft, sind aber dennoch nicht erreichbar? (Diese Menge sollte möglichst klein sein).

Das Entscheidungsproblem

Wie kann man möglichst effizient deterministisch entscheiden, ob eine gegebene Markierung die Eigenschaft besitzt oder nicht?

Das Beweisproblem

Wie kann man möglichst kurz beweisen, daß eine Markierung die Eigenschaft besitzt, d.h. wie kann ein nichtdeterministischer Algorithmus die Eigenschaft möglichst effizient entscheiden?

Das Widerlegungsproblem

Wie kann man möglichst kurz beweisen, daß eine Markierung die Eigenschaft nicht besitzt, d.h. wie kann ein nichtdeterministischer Algorithmus das Komplement der Eigenschaft möglichst effizient entscheiden?

In unserem Zusammenhang ist das *Entscheidungsproblem* und das *Widerlegungsproblem* von besonderem Interesse. Jeder Algorithmus für das Entscheidungsproblem überprüft die Anwendbarkeit einer Eigenschaft. Gegebenenfalls liefert eine Lösung des Widerlegungsproblems den Beweis, daß eine Markierung die Eigenschaft nicht besitzt und folglich nicht erreichbar sein kann. Eine Lösung des Beweisproblems zeigt, daß diese Eigenschaft zum Beweis der Unerreichbarkeit einer konkreten Markierung nicht verwendet werden kann und hat dadurch ebenfalls eine wichtige Bedeutung.

3.2   Lösbarkeit der Markierungsgleichung über $I\!N$

In der Einleitung haben wir gezeigt, daß für jede erreichbare Markierung die Markierungsgleichung eine Lösung über den natürlichen Zahlen besitzt. Diese Eigenschaft von Markierungen ist also notwendig für Erreichbarkeit. Das durch die Markierungsgleichung gegebene notwendige Kriterium für die Erreichbarkeit einer Markierung m lautet: Falls m von der Anfangsmarkierung m_0 eines Netzes erreichbar ist, dann hat die Markierungsgleichung

$$\mathbf{N} \cdot \mathbf{x} = \mathbf{m} - \mathbf{m}_0$$

eine Lösung für $\mathbf{x}$ in $I\!N^*$.

Die dadurch generierte Eigenschaft für eine Markierung m lautet:

(M1) *Die Markierungsgleichung der Markierung m besitzt eine Lösung für* $\mathbf{x}$ *in $I\!N^*$.*

Das *Beweisproblem* der Eigenschaft (M1) ist effizient lösbar: Die Angabe eines geeigneten Lösungsvektors für $\mathbf{x}$ über $I\!N$ beweist die Existenz einer Lösung denkbar einfach. Für das interessantere *Widerlegungsproblem* ist aber keine polynomielle Lösung bekannt, so daß die Markierungsgleichung in dieser Form keine effizienten Beweise für die Unerreichbarkeit einer Markierung liefert. Es handelt sich beim Entscheidungsproblem von (M1) um eine Instanz des NP-vollständigen Problems "ganzzahlige lineare Programmierung" (siehe Kapitel 2). Jedoch ist seine Komplexität wesentlich geringer als die des Erreichbarkeitsproblems.

Die Markierungsgleichung reicht im allgemeinen aus, die meisten unerreichbaren Markierungen eines Netzes zu identifizieren. Das Beispiel in Abbildung 3.1 zeigt aber Grenzen der *Ausdruckskraft*; es beweist, daß die Markierungsgleichung im allgemeinen keine hinreichende Bedingung für Erreichbarkeit liefert: Die Markierung

$$\mathbf{m}_1 = (0, 1, 0, 0, 1, 0, 0)^\mathsf{T}$$

ist von der angegebenen Anfangsmarkierung

$$\mathbf{m}_0 = (0, 0, 1, 1, 0, 0, 0)^\mathsf{T}$$

nicht erreichbar. Es gilt aber:

$$\mathbf{N} \cdot (1, 1, 0, 2, 2, 0, 2)^\mathsf{T} = \mathbf{m}_1 - \mathbf{m}_0.$$

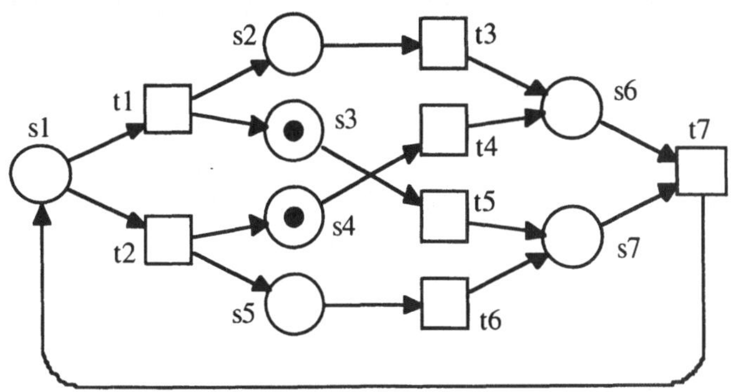

Abbildung 3.1 Grenzen der Markierunsgleichung

Alle anderen Markierungen mit lösbarer Markierungsgleichung sind in diesem Beispiel dagegen auch erreichbar, d.h. das Verfahren scheitert hier nur bei der Markierung m_1.

Durch die Markierungsgleichung läßt sich die Menge erreichbarer Markierungen also nicht charakterisieren. Dies liegt im wesentlichen daran, daß die Anzahl der Marken auf einer Stelle nicht negativ werden darf. Wenn man nämlich – zur Vermeidung negativer Markierungen – Marken "leihen" könnte, dann wäre jede Markierung erreichbar, die die Markierungsgleichung erfüllt. Formal läßt sich dies ausdrücken durch Addition einer Markierung $\overline{m}$ auf beiden Seiten der Markierungsgleichung:

Proposition 3.1

Wenn $m_0 + N \cdot k = m$ *für ein* k *in* $I\!N^*$ *gilt, dann existiert eine Markierung* $\overline{m}$ *und eine Transitionssequenz* σ *derart, daß* k *der Parikh-Vektor von* σ *ist und*

$$\overline{m} + m_0 \xrightarrow{\sigma} \overline{m} + m.$$

$\square$

Diese Aussage ist leicht einzusehen, man wähle zum Beispiel für $\overline{m}$ eine Markierung wie in Lemma 2.15, die allein schon die Aktivierung von σ bewerkstelligt. In unserem oben angegebenen Beispiel reicht eine zusätzliche Marke auf einer beliebigen bislang unmarkierten Stelle aus. Falls wir eine zusätzliche Marke auf **s1** "leihen" können, ist

$$\text{t4 \ t5 \ t7 \ t1 \ t2 \ t4 \ t5 \ t7}$$

eine aktivierte Schaltfolge, die die gewünschte Markierungsdifferenz bewirkt.

3.3   Lösbarkeit der Markierungsgleichung über $\mathbb{Q}$

Wir betrachten in diesem und den folgenden Abschnitten Abschwächungen der Eigenschaft (M1). Für jede dieser abgeschwächten Eigenschaften existieren einfache Lösungen für das Beweis- und für das Widerlegungsproblem. Auch das Entscheidungsproblem ist jeweils effizient, d.h. in polynomieller Zeit lösbar, erfordert aber bedeutend mehr Aufwand als das Beweisproblem und als das Widerlegungsproblem.

Falls in einer ganzzahligen Lösung der Markierungsgleichung negative Einträge vorkommen, dann entsprechen diese dem "Rückwärtsschalten" der entsprechenden Transitionen. Im allgemeinen ist aber die Transformation der Markierung, die durch das Schalten einer Transition bewirkt wird, nicht reversibel.

Ein weiterer wesentlicher Bestandteil der Schaltregel ist die Unteilbarkeit der Marken. Wenn nämlich Marken "geteilt" werden dürften, dann ließe sich jede Marke beliebig in passende Teilmarken feinerer Granularität aufteilen. Falls dann die Markierungsgleichung eine nichtnegative rationale Lösung $\mathbf{k}$ besitzt, deren Komponenten den gemeinsamen Nenner d haben, dann hat

$$\mathbf{N} \cdot \mathbf{x}' = d\,\mathbf{m} - d\,\mathbf{m}_0$$

die Lösung $d\,\mathbf{k} \in \mathbb{N}^*$ für $\mathbf{x}'$. Die Vektoren $d\,\mathbf{m}_0$ sowie $d\,\mathbf{m}$ geben hier gerade die Anfangs- und Endmarkierung an, nachdem jede Marke durch d Teilmarken ersetzt wurde.

Aus diesen beiden Gründen ist die folgende Eigenschaft (M2) einer Markierung in mehrfacher Hinsicht eine echte Abschwächung von (M1).

(M2) *Die Markierungsgleichung der Markierung m besitzt eine Lösung für* $\mathbf{x}$ *in* $\mathbb{Q}^*$.

Das in Abbildung 3.2 angegebene Beispiel zeigt, daß (M2) tatsächlich eine geringere *Ausdruckskraft* hat als (M1)[1]. Die Markierung

$$\mathbf{m}_1 = (1, 0, 1, 0, 1, 1, 0, 0)^\mathsf{T}$$

ist von der in der Abbildung angegebenen Anfangsmarkierung m_0 nicht erreichbar. Es gibt keine Lösung der Markierungsgleichung in $\mathbb{Z}^*$ und deshalb insbesondere keine Lösung in $\mathbb{N}^*$. Es existiert aber eine Lösung in $\mathbb{Q}^*$, denn

$$\mathbf{m}_0 + \mathbf{N} \cdot \left(0, 1, 1, \frac{1}{2}, \frac{1}{2}\right)^\mathsf{T} = \mathbf{m}_1.$$

---

[1]Es gibt auch einfachere Beispiele für diese Aussage, aber dieses Beispiel wird sich in späteren Abschnitten als nützlich erweisen.

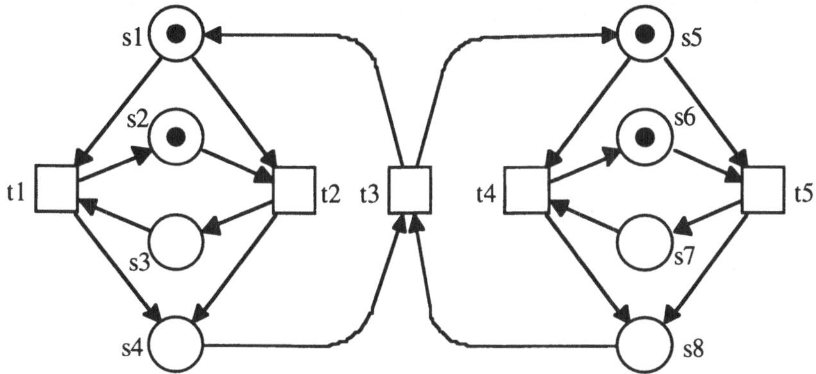

Abbildung 3.2 Grenzen rationaler Lösungen der Markierungsgleichung

Man macht sich leicht klar, daß die Markierung m_1 tatsächlich von m_0 erreichbar wäre, wenn die Transitionen auch mit "halben Marken" schalten könnten.

Wir haben die Eigenschaft (M2) bereits in der Einleitung diskutiert. Das *Entscheidungsproblem* von (M2) ist mit Hilfe klassischer Methoden zur Lösung von Gleichungssystemen wie z.B. Gauß-Elimination in kubischer Zeit lösbar. Für das *Beweisproblem* und für das *Widerlegungsproblem* gibt es wesentlich effizientere Methoden: Die Angabe einer Lösung der Markierungsgleichung in $\mathcal{Q}^*$ löst das Beweisproblem, und die Angabe einer Stelleninvarianten $\mathbf{i}$, die $\mathbf{i} \cdot \mathbf{m}_0 \neq \mathbf{i} \cdot \mathbf{m}$ erfüllt, löst das Widerlegungsproblem.

Wir werden in den folgenden Abschnitten weniger starke Abschwächungen von (M1) betrachten, nämlich die Lösbarkeit der Markierungsgleichung in den positiven rationalen Zahlen sowie in den ganzen Zahlen.

3.4 Lösbarkeit der Markierungsgleichung über $\mathcal{Q}_+$

Mit $\mathcal{Q}_+$ bezeichnen wir die nichtnegativen rationalen Zahlen. $\mathcal{Q}_+^*$ enthält also alle rationalen Vektoren $\mathbf{x} \geq \mathbf{0}$.

Wenn die Markierungsgleichung für eine Markierung m keine Lösung über $\mathcal{Q}_+$ besitzt, dann existiert insbesondere keine Lösung über $I\!N$. Die Eigenschaft (M1) läßt sich also abschwächen zu (M3):

(M3) *Die Markierungsgleichung der Markierung m besitzt eine Lösung für* x
      in $\mathbb{Q}_+^*$.

(M3) läßt sich durch die Lösbarkeit des folgenden linearen Ungleichungssystems
ausdrücken:

$$\mathbf{N} \cdot \mathbf{x} = \mathbf{m} - \mathbf{m}_0 \, , \quad \mathbf{x} \geq 0 \, ,$$

wobei $\mathbf{x}$ über $\mathbb{Q}^*$ variiert.

Dieses Ungleichungssystem ist mit polynomiellem Aufwand lösbar (siehe Kapitel 2). Damit hat das *Entscheidungsproblem* von (M3) eine effiziente Lösung.

Das *Beweisproblem* für (M3) ist sehr einfach durch Angabe eines entsprechenden Vektors $\mathbf{x} \in \mathbb{Q}^*$ lösbar, der das Ungleichungssystem erfüllt.

Für das *Widerlegungsproblem* von (M3) verwenden wir die Variante 5 von
Farkas Lemma (siehe Kapitel 2):

Genau eines der folgenden Ungleichungssysteme ist lösbar über $\mathbb{Q}$:

$$\mathbf{A} \cdot \mathbf{x} = \mathbf{b}, \; \mathbf{x} \geq 0$$
$$\mathbf{y} \cdot \mathbf{A} \geq 0, \; \mathbf{y} \cdot \mathbf{b} < 0$$

Mit $\mathbf{N} = \mathbf{A}$ und $\mathbf{b} = \mathbf{m} - \mathbf{m}_0$ entspricht (M3) der ersten Zeile. Das Komplement von (M3) ist also äquivalent zur rationalen Lösbarkeit des folgenden Ungleichungssystems:

$$\begin{aligned} \mathbf{y} \cdot \mathbf{N} &\geq& 0 \\ \mathbf{y} \cdot (\mathbf{m} - \mathbf{m}_0) &<& 0 \end{aligned}$$

Wieder liefert die Angabe eines Lösungsvektors für $\mathbf{y}$ einen effizienten Beweis. Man beachte, daß jede rationale Lösung durch Multiplikation mit dem gemeinsamen Nenner der Komponenten eine ganzzahlige Lösung liefert.

Das in Abbildung 3.2 angegebene Beispiel zeigt, daß auch (M3) eine geringere *Ausdruckskraft* hat als (M1), denn die im vorigen Abschnitt angegebene rationale Lösung der Markierungsgleichung hat keine negativen Einträge.

Bei Netzen mit positiver Transitionsinvariante braucht man die Lösbarkeit der Markierungsgleichung in $\mathbb{Q}^*$ und in $\mathbb{Q}_+^*$ nicht zu unterscheiden, denn die Addition einer Transitionsinvarianten zu einer Lösung ergibt wieder eine Lösung. Also kann man zu einer Lösung mit negativen Einträgen durch hinreichend häufige Addition einer positiven Transitionsinvariante eine positive Lösung konstruieren.

3.5 Lösbarkeit der Markierungsgleichung über $\mathbb{Z}$

Eine andere Abschwächung von (M1) ist die Forderung nach einer ganzzahligen Lösung der Markierungsgleichung:

(M4) *Die Markierungsgleichung der Markierung m besitzt eine Lösung für* x *in $\mathbb{Z}^*$.*

(M4) ist unvergleichbar mit (M3). Man beachte, daß (M3) und (M4) zusammen nicht (M1) implizieren, denn aus der Existenz einer nichtnegativen Lösung und der Existenz einer ganzzahligen Lösung läßt sich nicht schließen, daß eine nichtnegative und zugleich ganzzahlige Lösung existiert.

Das *Entscheidungsproblem* von (M4) entspricht der Frage nach der ganzzahligen Lösbarkeit der Markierungsgleichung $\mathbf{N} \cdot \mathbf{x} = \mathbf{m} - \mathbf{m_0}$. Aus der Theorie linearer diophantischer Gleichungen folgt, daß die Matrix $\mathbf{N}$ in ihre *Smith-Normalform* $\mathbf{S}$ transformierbar ist und diese Transformation durch ein Matrixprodukt beschrieben werden kann [Schr86]:

Jede ganzzahlige Matrix $\mathbf{N}$ *läßt sich transformieren in eine Matrix*

$$\mathbf{S} = \mathbf{Q} \cdot \mathbf{N} \cdot \mathbf{P}$$

wobei $\mathbf{Q}$ *und* $\mathbf{P}$ *unimodularen Matrizen passender Größe sind und* $\mathbf{S}$ *die folgende Form besitzt (Smith-Normalform):*

$$\mathbf{S} = \begin{pmatrix} s_{1,1} & & & & & \\ & \ddots & & & 0 & \\ & & s_{a,a} & & & \\ & & & 0 & & \\ & 0 & & & \ddots & \\ & & & & & 0 \end{pmatrix}.$$

Die Einträge $s_{1,1}, \ldots, s_{a,a}$ *sind dabei natürliche Zahlen, und die Diagonalelemente* $s_{i,i}$ *sind Teiler von* $s_{i+1,i+1}$ *für* $i = 1, \ldots, a-1$.

Die Smith-Normalform ist eindeutig bestimmt, ihre Diagonalelemente werden Elementarteiler *der Matrix* $\mathbf{N}$ *genannt.*

$\mathbf{Q}$ *und* $\mathbf{P}$ *sind ganzzahlige quadratische invertierbare Matrizen, deren Inverse* $\mathbf{Q}^{-1}$ *und* $\mathbf{P}^{-1}$ *ebenfalls ganzzahlig sind (dies folgt aus der Unimodularität).*

Die Berechnung der Matrizen $\mathbf{Q}$ *und* $\mathbf{P}$ *ist mit polynomiellem Aufwand in der Größe von* $\mathbf{N}$ *möglich.*

Im folgenden Satz wird gezeigt, daß die ganzzahlige Lösbarkeit der Markierungsgleichung durch Konstruktion der Smith-Normalform leicht zu entscheiden ist.

Satz 3.2

Sei N ein Netz, und seien m_0 und m Markierungen von N.

$\mathbf{S} = \mathbf{Q} \cdot \mathbf{N} \cdot \mathbf{P}$ *sei die Smith-Normalform der Inzidenzmatrix $\mathbf{N}$ von N. Wir definieren*

$$\mathbf{b} = (b_1, b_2, \ldots)^\mathsf{T} = \mathbf{Q} \cdot (\mathbf{m} - \mathbf{m}_0).$$

Es existiert genau dann eine Lösung aus $\mathbb{Z}^*$ der Markierungsgleichung $\mathbf{N} \cdot \mathbf{x} = \mathbf{m} - \mathbf{m}_0$, wenn

(α) $s_{i,i}$ ein Teiler von b_i ist für $1 \leq i \leq a$, und

(β) $b_i = 0$ gilt für $i > a$.

Beweis:

Wegen $\mathbf{S} = \mathbf{Q} \cdot \mathbf{N} \cdot \mathbf{P}$ läßt sich die Markierungsgleichung äquivalent umformulieren zu

$$\mathbf{Q}^{-1} \cdot \mathbf{S} \cdot \mathbf{P}^{-1} \cdot \mathbf{x} = \mathbf{m} - \mathbf{m}_0.$$

Wir definieren $\mathbf{y} = \mathbf{P}^{-1} \cdot \mathbf{x}$. Multiplikation mit $\mathbf{Q}$ liefert

$$\mathbf{S} \cdot \mathbf{y} = \mathbf{Q} \cdot (\mathbf{m} - \mathbf{m}_0) = \mathbf{b}.$$

Da $\mathbf{P}$ und auch $\mathbf{P}^{-1}$ ganzzahlige Matrizen sind, hat dieses Gleichungssystem genau dann eine ganzzahlige Lösung für $\mathbf{y}$, wenn die Markierungsgleichung eine ganzzahlige Lösung für $\mathbf{x}$ hat. Unter Verwendung der Form von $\mathbf{S}$ sieht man leicht, daß eine ganzzahlige Lösung für $\mathbf{y}$ genau dann existiert, wenn (α) und (β) erfüllt sind. $\qquad\square$

Die Transformationsmatrix $\mathbf{Q}$ kann mit polynomiellem Zeitaufwand konstruiert werden [KaBa79]. Die Bedingungen (α) und (β) von Satz 3.2 sind bei gegebener Matrix $\mathbf{Q}$ offensichtlich mit polynomiellem Aufwand überprüfbar. Wir können also durch Konstruktion der Smith-Normalform (inkl. der Matrix $\mathbf{Q}$) mit polynomiellem Aufwand entscheiden, ob die Markierungsgleichung eine ganzzahlige Lösung besitzt. Dies löst das *Entscheidungsproblem* der Eigenschaft (M4).

Das *Beweisproblem* von (M4) ist durch Angabe eines ganzzahligen Lösungsvektors für die Markierungsgleichung sehr einfach lösbar.

Um (M4) zu widerlegen, reichen Stelleninvarianten nicht aus, denn diese können nur die Nichtexistenz rationaler Lösungen der Markierungsgleichung beweisen. Wie bereits erwähnt, stimmt im Beispiel aus Abbildung 3.2 die Markierung

$$\mathbf{m}_1 = (1,0,1,0,1,1,0,0)^\mathsf{T}$$

mit der Anfangsmarkierung bezüglich aller Stelleninvarianten überein.

Man kann für jede Transition dieses Beispielnetzes leicht überprüfen, daß die Eigenschaft

$$m(\mathsf{s}1) + m(\mathsf{s}2) + m(\mathsf{s}5) + m(\mathsf{s}6) \quad \textit{ist eine gerade Zahl}$$

invariant ist: Falls eine Markierung m diese Eigenschaft besitzt und durch Schalten einer Transition in die Markierung m' überführt wird, dann hat m' dieselbe Eigenschaft. Für die komplementäre Eigenschaft (ungerade Markensumme auf $\{\mathsf{s}1, \mathsf{s}3, \mathsf{s}5, \mathsf{s}6\}$) gilt Entsprechendes. Für die Markierungen m_0 und m_1 ergeben sich aber die folgenden Markensummen:

$$m_0(\mathsf{s}1) + m_0(\mathsf{s}2) + m_0(\mathsf{s}5) + m_0(\mathsf{s}6) = 4,$$

$$m_1(\mathsf{s}1) + m_1(\mathsf{s}2) + m_1(\mathsf{s}5) + m_1(\mathsf{s}6) = 3.$$

Da diese Summe unter der Anfangsmarkierung m_0 gerade ist und sie bei dem Schalten von Transitionen gerade bleibt, kann m_1 nicht von m_0 aus erreicht werden.

Wir können dieselbe Argumentation auch wie folgt ausdrücken:

Es gilt für den Vektor $\mathbf{i} = (1,1,0,0,1,1,0,0)$ und jeden Spaltenvektor $\mathbf{t}$ der Inzidenzmatrix $\mathbf{N}$

$$\mathbf{i} \cdot \mathbf{t} \equiv 0 \ (\mathrm{mod}\, 2).$$

Für jeden Markierungsübergang $m \xrightarrow{\ t\ } m'$ gilt bekanntermaßen

$$\mathbf{m}' = \mathbf{m} + \mathbf{t},$$

wobei $\mathbf{t}$ die der Transition t zugeordnete Spalte in der Inzidenzmatrix ist. Die Multiplikation mit $\mathbf{i}$ liefert

$$\mathbf{i} \cdot \mathbf{m}' = \mathbf{i} \cdot \mathbf{m} + \mathbf{i} \cdot \mathbf{t}.$$

Wegen $\mathbf{i} \cdot \mathbf{t} \equiv 0 \ (\mathrm{mod}\, 2)$ folgt schließlich

$$\mathbf{i} \cdot \mathbf{m}' \equiv \mathbf{i} \cdot \mathbf{m} \ (\mathrm{mod}\, 2).$$

Wir werden Vektoren $\mathbf{i}$ mit dieser Eigenschaft *Modulo-Stelleninvarianten* nennen. Die Invarianzeigenschaft läßt sich kanonisch auf alle erreichbaren Markierungen übertragen.

Definition 3.3

Sei $k \geq 2$ eine natürliche Zahl, und sei N ein Netz. Ein Vektor $\mathbf{i}$ in $\mathbb{Z}^*$ heißt *Modulo-k-Stelleninvariante* von N, wenn für jeden Spaltenvektor $\mathbf{t}$ der Inzidenzmatrix $\mathbf{N}$ gilt:

$$\mathbf{i} \cdot \mathbf{t} \equiv 0 \ (\mathrm{mod} \ k).$$

Ein Vektor $\mathbf{i} \in \mathbb{Z}^*$ heißt *Modulo-Stelleninvariante*, wenn ein $k \geq 2$ existiert derart, daß $\mathbf{i}$ Modulo-k-Stelleninvariante ist.

Jede Stelleninvariante ist natürlich auch eine Modulo-k-Stelleninvariante für alle k. Die umgekehrte Richtung gilt im allgemeinen nicht. Im oben angegebenen Beispiel ist der Vektor $(1,1,0,0,1,1,0,0)$ eine Modulo-2-Stelleninvariante, aber keine Stelleninvariante.

Satz 3.4

Sei m_0 eine Markierung eines Netzes N, und sei m von m_0 erreichbar. Für jede Modulo-k-Stelleninvariante $\mathbf{i}$ von N gilt

$$\mathbf{i} \cdot \mathbf{m}_0 \equiv \mathbf{i} \cdot \mathbf{m} \ (\mathrm{mod} \ k).$$

Beweis:

Da m von m_0 erreichbar ist, existiert eine Lösung für $\mathbf{x}$ in $I\!N^*$ der Markierungsgleichung

$$\mathbf{m}_0 + \mathbf{N} \cdot \mathbf{x} = \mathbf{m}.$$

Multiplikation mit $\mathbf{i}$ liefert

$$\mathbf{i} \cdot \mathbf{m}_0 + \mathbf{i} \cdot \mathbf{N} \cdot \mathbf{x} = \mathbf{i} \cdot \mathbf{m}.$$

Es folgt sofort

$$\mathbf{i} \cdot \mathbf{m}_0 + \mathbf{i} \cdot \mathbf{N} \cdot \mathbf{x} \equiv \mathbf{i} \cdot \mathbf{m} \ (\mathrm{mod} \ k).$$

Da $\mathbf{i}$ eine Modulo-k-Stelleninvariante ist, sind alle Einträge des Vektors $\mathbf{i} \cdot \mathbf{N}$ Vielfache von k. Da $\mathbf{x}$ ganzzahlig ist, ergibt die Multiplikation mit $\mathbf{x}$ ein Vielfaches von k. Damit gilt

$$\mathbf{i} \cdot \mathbf{N} \cdot \mathbf{x} \equiv 0 \ (\mathrm{mod} \ k).$$

Wir können also dieses Produkt in obiger Kongruenz streichen und erhalten die Aussage

$$\mathbf{i} \cdot \mathbf{m}_0 \equiv \mathbf{i} \cdot \mathbf{m} \ (\mathrm{mod} \ k).$$

□

Die Umkehrung von Satz 3.4 gilt nicht. Als Gegenbeispiel sei wieder das Netz aus Abbildung 3.1 genannt. Mit Modulo-Stelleninvarianten lassen sich aber die ganzzahligen Lösungen der Markierungsgleichung charakterisieren:

Satz 3.5

Seien m_0 und m Markierungen eines Netzes N. Die folgenden beiden Aussagen sind äquivalent:

- *Für jede natürliche Zahl $k \geq 2$ und alle Modulo-k-Stelleninvarianten i gilt $i \cdot m \equiv i \cdot m_0 \pmod{k}$.*

- *Die Markierungsgleichung $m_0 + N \cdot x = m$ besitzt eine Lösung für x in $\mathbb{Z}^*$.*

Beweis:

Die Richtung ($\Leftarrow$) ist im Beweis von Satz 3.4 bereits enthalten (die Nichtnegativität von x geht dort nirgendwo ein). Es ist also nur die Richtung ($\Rightarrow$) zu beweisen. Sei

$$S = Q \cdot N \cdot P$$

die Smith-Normalform von N mit Elementarteilern $s_{1,1}, \ldots, s_{a,a}$. Definiere

$$b = (b_1, b_2, \ldots)^\top = Q \cdot (m - m_0).$$

Wegen Satz 3.2 genügt es zu zeigen:

(α) $s_{i,i}$ ist ein Teiler von b_i für $1 \leq i \leq a$, und

(β) $b_i = 0$ für $i > a$.

Sei k das kleinste Vielfache von $s_{a,a}$, das größer ist als alle Beträge $|b_i|$ der Einträge von b. Aufgrund der Voraussetzung erfüllt jede Modulo-k-Stelleninvariante die Kongruenz

$$i \cdot (m - m_0) \equiv 0 \pmod{k}.$$

(α) Sei $1 \leq i \leq a$. Da $s_{i,i}$ ein Teiler von $s_{a,a}$ ist und k ein Vielfaches von $s_{a,a}$ ist, teilt $s_{i,i}$ auch k. Wir können daher einen ganzzahligen Vektor

$$y_i = \left(0, \ldots, 0, \frac{k}{s_{i,i}}, 0, \ldots, 0\right)$$

definieren, bei dem der positive Eintrag in der i-ten Position steht.

Das Produkt von $\mathbf{y}_i$ mit der Matrix $\mathbf{S}$ ergibt

$$\mathbf{y}_i \cdot \mathbf{S} = (0, \ldots, 0, k, 0, \ldots, 0).$$

Die Ersetzung von $\mathbf{S}$ durch $\mathbf{Q} \cdot \mathbf{N} \cdot \mathbf{P}$ und Multiplikation beider Seiten dieser Gleichung mit $\mathbf{P}^{-1}$ führt zu

$$\mathbf{y}_i \cdot \mathbf{Q} \cdot \mathbf{N} = (0, \ldots, 0, k, 0, \ldots, 0) \cdot \mathbf{P}^{-1}.$$

Da $\mathbf{P}^{-1}$ eine ganzzahlige Matrix ist, ist jede Komponente der rechten Seite ein Vielfaches von k. Damit ist $\mathbf{y}_i \cdot \mathbf{Q}$ eine Modulo-k-Stelleninvariante. Aufgrund unserer Voraussetzung gilt somit

$$\mathbf{y}_i \cdot \mathbf{Q} \cdot (\mathbf{m} - \mathbf{m}_0) = \mathbf{y}_i \cdot \mathbf{b} \equiv 0 \; (\mathrm{mod}\, k).$$

Mit der Definition von $\mathbf{y}_i$ folgt

$$\frac{k}{s_{i,i}}\, b_i \equiv 0 \; (\mathrm{mod}\, k).$$

Dies ist genau dann der Fall, wenn $s_{i,i}$ ein Teiler von b_i ist.

(β) Sei $i > a$. Das Produkt des i-ten Stelleneinheitsvektors $\mathbf{e}_i$ mit der Matrix $\mathbf{S}$ ergibt den Nullvektor:

$$\mathbf{e}_i \cdot \mathbf{S} = \mathbf{0}.$$

Wie oben können wir $\mathbf{S}$ durch $\mathbf{Q} \cdot \mathbf{N} \cdot \mathbf{P}$ ersetzen und beide Seiten mit $\mathbf{P}^{-1}$ multiplizieren und erhalten

$$\mathbf{e}_i \cdot \mathbf{Q} \cdot \mathbf{N} = \mathbf{0}.$$

Der Vektor $\mathbf{e}_i \cdot \mathbf{Q}$ ist also eine Stelleninvariante. Damit ist dieser Vektor auch eine Modulo-Stelleninvariante für beliebige Modulo-Zahlen, auch für k. Aufgrund der Voraussetzung gilt

$$\mathbf{e}_i \cdot \mathbf{Q} \cdot (\mathbf{m} - \mathbf{m}_0) = \mathbf{e}_i \cdot \mathbf{b} = b_i \equiv 0 \; (\mathrm{mod}\, k).$$

Da wir k so gewählt haben, daß $k > |b_i|$ gilt, folgt schließlich $b_i = 0$.

□

Der soeben bewiesene Satz besagt in Kontraposition, daß bei Nichtexistenz einer ganzzahligen Lösung der Markierungsgleichung stets eine Modulo-Stelleninvariante existiert, die diese Nichtexistenz und damit die Nichterreichbarkeit der Markierung beweist. Die Angabe einer Modulo-Stelleninvarianten löst also das *Widerlegungsproblem* von (M4).

3.6 Berechnung von Modulo-Stelleninvarianten

In Satz 3.5 wird Bezug genommen auf alle Modulo-Stelleninvarianten eines Netzes. Im Beweis des Satzes konnten wir uns sogar auf eine feste Modulo-Zahl k beschränken, die aber sowohl vom Netz als auch von der Differenz der betrachteten Markierungen abhängt. Es ist nicht möglich, eine Zahl k anzugeben mit der Eigenschaft, daß die Nichtexistenz einer ganzzahligen Lösung der Markierungsgleichung stets mit Modulo-k-Stelleninvarianten gezeigt werden kann: Jede Markierung $\mathbf{m}_0 + k\,\mathbf{e}_i$ stimmt nämlich bezüglich aller Modulo-k-Stelleninvarianten mit $\mathbf{m}_0$ überein. Im allgemeinen existiert aber für $k > 0$ und für ein beliebiges $\mathbf{e}_i$ keine ganzzahlige Lösung der entsprechenden Markierungsgleichung für $\mathbf{m}_0 + k\,\mathbf{e}_i$:

$$\mathbf{N} \cdot \mathbf{x} = k\,\mathbf{e}_i.$$

Auch eine endliche Menge von Modulo-Stelleninvarianten mit unterschiedlichen k reicht nicht aus, da gleichwertig nach dem *Chinesischen Restwertsatz* (siehe z.B. [Schr86]) ein gemeinsames Vielfaches dieser k als Modulo-Zahl genommen werden könnte und diese Zahl – wie oben begründet – nicht ausreicht.

Es folgt, daß keine endliche Menge von Modulo-Stelleninvarianten alle Markierungen identifizieren kann, für die die Markierungsgleichung nicht ganzzahlig lösbar ist. Bei klassischen Stelleninvarianten ist dies anders: Jede ganzzahlige Basis des Lösungsraums von $\mathbf{N} \cdot \mathbf{x} = \mathbf{0}$ reicht aus, um die Nichtlösbarkeit der Markierungsgleichung in den rationalen Zahlen zu beweisen.

Wir zeigen im folgenden Satz, daß durch die Kombination von klassischen Stelleninvarianten und Modulo-Stelleninvarianten eine endliche Menge von Vektoren gefunden werden kann, die die Ausdruckskraft aller Stelleninvarianten und Modulo-Stelleninvarianten vereinigt. Dafür erweisen sich die folgenden Notationen als praktisch.

Notation 3.6

Sei N ein Netz mit n Stellen.

Jede Stelleninvariante $\mathbf{i}$ von N nennen wir *modulo-0-Stelleninvariante*.

Jeden Spaltenvektor $\mathbf{i} \in \mathbb{Z}^n$ nennen wir *modulo-1-Stelleninvariante*.

Für beliebige $\mathbf{x} \in \mathbb{Z}^n$ schreiben wir $\mathbf{x} \equiv \mathbf{x} \pmod 0$.

Für beliebige $\mathbf{x}, \mathbf{y} \in \mathbb{Z}^n$ schreiben wir $\mathbf{x} \equiv \mathbf{y} \pmod 1$.

Diese Notation harmoniert mit der folgenden Verallgemeinerung von Modulo-Stelleninvarianten: Es gilt genau dann $\mathbf{x} \equiv \mathbf{y} \pmod k$, wenn jede Komponente von $|\mathbf{x} - \mathbf{y}|$ ein Vielfaches von k ist.

Proposition 3.7

Ein ganzzahliger Stellenvektor $\mathbf{i}$ *ist genau dann eine Modulo-k-Stellen-invariante eines Netzes N, wenn* $\mathbf{i} \cdot \mathbf{N} = k\,\mathbf{y}$ *für ein* $\mathbf{y} \in \mathbf{Z}^*$ *gilt ($k \in \mathbb{N}$).*

Beweis:

Für $k = 0$ entspricht die Gleichung der Definition von Stelleninvarianten. Für $k = 1$ können wir $\mathbf{y} = \mathbf{i} \cdot \mathbf{N}$ wählen. Für $k \geq 2$ gilt $\mathbf{i} \cdot \mathbf{N} = k \cdot \mathbf{y}$ genau dann für ein $\mathbf{y} \in \mathbf{Z}^n$, wenn jede Komponente des Vektors $\mathbf{i} \cdot \mathbf{N}$ ein Vielfaches von k ist. Da diese Einträge die Produkte $\mathbf{i} \cdot \mathbf{t}$ für Spaltenvektoren $\mathbf{t}$ von $\mathbf{N}$ sind, gilt diese Gleichung gerade für Modulo-k-Stelleninvarianten. $\square$

Wir zeigen, daß jede Zeile der Transformationsmatrix $\mathbf{Q}$ der Smith-Normalform eine verallgemeinerte Modulo-Stelleninvariante ist. Die so definierte Menge von Modulo-Stelleninvarianten ist vollständig in dem Sinn, daß keine größere Menge mehr Schlußfolgerungen über Erreichbarkeit von Markierungen zuläßt.

Lemma 3.8

Sei N ein Netz mit n Stellen, und sei $\mathbf{S} = \mathbf{Q} \cdot \mathbf{N} \cdot \mathbf{P}$ die Smith-Normalform der Inzidenzmatrix $\mathbf{N}$ von N mit den Elementarteilern $s_{1,1}, \ldots, s_{a,a}$. Seien $\mathbf{q}_1, \ldots, \mathbf{q}_n$ die Zeilen der Matrix $\mathbf{Q}$.

Für $1 \leq i \leq n$ ist $\mathbf{q}_i$ eine Modulo-$s_{i,i}$-Stelleninvariante.

Beweis:

Wegen $\mathbf{S} = \mathbf{Q} \cdot \mathbf{N} \cdot \mathbf{P}$ gilt $\mathbf{Q} \cdot \mathbf{N} = \mathbf{S} \cdot \mathbf{P}^{-1}$. Da $\mathbf{S}$ eine Diagonalmatrix mit den Einträgen $s_{1,1}, s_{2,2}, \ldots$ ist, gilt für jede Komponente $s_{i,i}$

$$\mathbf{q}_i \cdot \mathbf{N} = s_{i,i} \cdot \overline{\mathbf{p}}_i,$$

wobei $\overline{\mathbf{p}}_i$ die i-te Zeile von $\mathbf{P}^{-1}$ ist. Da $\mathbf{P}^{-1}$ eine ganzzahlige Matrix ist, ist auch $\overline{\mathbf{p}}_i$ ganzzahlig. Wir können also Proposition 3.7 anwenden und erhalten die gesuchte Aussage: $\mathbf{q}_i$ ist eine Modulo-$s_{i,i}$-Stelleninvariante. $\square$

Satz 3.9

Seien m_0 und m Markierungen eines Netzes N. Sei $\mathbf{S} = \mathbf{Q} \cdot \mathbf{N} \cdot \mathbf{P}$ die Smith-Normalform der Inzidenzmatrix $\mathbf{N}$ von N mit den Elementarteilern $s_{1,1}, \ldots, s_{a,a}$. Seien $\mathbf{q}_1, \ldots, \mathbf{q}_n$ die Zeilen der Matrix $\mathbf{Q}$.

Die folgenden Aussagen sind äquivalent:

- *Für jede Zeile $\mathbf{q}_i$ der Matrix $\mathbf{Q}$ gilt $\mathbf{q}_i \cdot \mathbf{m} \equiv \mathbf{q}_i \cdot \mathbf{m}_0 \pmod{s_{i,i}}$.*

- *$\mathbf{N} \cdot \mathbf{x} = \mathbf{m} - \mathbf{m}_0$ besitzt eine ganzzahlige Lösung für $\mathbf{x}$.*

Beweis:

($\Leftarrow$)

Für Zeilen $\mathbf{q}_i$ mit $s_{i,i} = 0$ ist $\mathbf{q}_i$ eine klassische Stelleninvariante. Da die Markierungsgleichung ganzzahlig lösbar ist, ist sie insbesondere über den rationalen Zahlen lösbar und wir erhalten $\mathbf{q}_i \cdot \mathbf{m} = \mathbf{q}_i \cdot \mathbf{m}_0$. Dies ist äquivalent zu $\mathbf{q}_i \cdot \mathbf{m} \equiv \mathbf{q}_i \cdot \mathbf{m}_0 \pmod{0}$.

Für Zeilen i mit $s_{i,i} = 1$ ist nichts zu zeigen.

Für Zeilen i mit $s_{i,i} \geq 2$ folgt die Aussage sofort aus Satz 3.5.

($\Rightarrow$)

Sei $\mathbf{b} = (b_1, \ldots, b_n)^\top = \mathbf{Q} \cdot (\mathbf{m} - \mathbf{m}_0)$. Wegen Satz 3.2 genügt es zu beweisen, daß

(α) $s_{i,i}$ ein Teiler von b_i ist für $1 \leq i \leq a$, und

(β) $b_i = 0$ gilt für $i > a$.

Aufgrund unserer Annahme gilt für jede Zeile $\mathbf{q}_i$ von $\mathbf{Q}$:

$$\mathbf{q}_i \cdot (\mathbf{m} - \mathbf{m}_0) \equiv 0 \pmod{s_{i,i}}.$$

Für jedes i ist wegen der Definition von $\mathbf{b}$ also b_i ein Vielfaches von $s_{i,i}$. Dies impliziert (α) für $1 \leq i \leq a$ und (β) für $i > a$. $\qquad\square$

Literaturangaben

Dieses Kapitel greift weitgehend auf Inhalte aus [DeNR96] zurück.

Zum Erreichbarkeitsproblem und zu verwandten Fragestellungen, die mit der Entscheidbarkeit von Eigenschaften zu tun haben, finden sich Informationen in der Übersicht [EsNi94]. Ein Schwerpunkt auf die Untersuchung der Komplexität von Lösungen der Markierungsgleichung wird in [Jant87] gelegt.

In [CoSi91b] werden die Markierungsgleichung ergänzende Bedingungen für Nichterreichbarkeit angegeben.

Für Teilklassen von Netzen ist das Erreichbarkeitsproblem leichter zu lösen. So ist in lebendigen und beschränkten markierten *Free-Choice-Netzen*, in denen die Anfangsmarkierung stets wieder erreicht werden kann, eine Markierung genau dann erreichbar, wenn deren Markierungsgleichung eine rationale Lösung besitzt [DeEs93], [DeEs95]. Es lassen sich in dieser Netzklasse also alle unerreichbaren Markierungen mit Stelleninvarianten identifizieren.

Kapitel 4

Fakten

Ziel der Modellierung eines verteilten Systems durch ein markiertes Petrinetz ist oftmals die formale Verifikation gewünschter Systemeigenschaften. Diese werden als Eigenschaften des Modells formuliert und bewiesen. Im Gegensatz zu den in Kapitel 2 definierten Eigenschaften wie Lebendigkeit und Beschränktheit, deren Definition unabhängig von einem konkreten Netz ist, betrachten wir in diesem Kapitel *netzspezifische* Eigenschaften. Wir konzentrieren uns zunächst auf *zustandsbasierte* netzspezifische Eigenschaften; jede derartige Eigenschaft läßt sich durch logische Aussagen über die Markierungen der Stellen eines Netzes formulieren.

Ein typisches Beispiel ist in Abbildung 4.1 gegeben. Das Netz stellt einen einfachen Algorithmus dar, der den wechselseitigen Ausschluß zweier kritischer Bereiche garantiert. Die kritischen Bereiche sind durch die Stellen s2 und s4 modelliert. Zum Nachweis des wechselseitigen Ausschlusses ist zu zeigen:

(E1) *Keine erreichbare Markierung markiert sowohl* s2 *als auch* s4.

Diese Spezifikation fordert eine Eigenschaft für alle erreichbaren Markierungen. Sie wird im Beispiel erfüllt, wie man durch Konstruktion aller erreichbaren Markierungen leicht verifiziert.

Es sind in diesem Beispiel auch andere zustandsbasierten Eigenschaften formulierbar, zum Beispiel

(E2) s2 *und* s4 *werden stets abwechselnd markiert*

oder

(E3) s2 *und* s4 *werden immer wieder unmarkiert sein.*

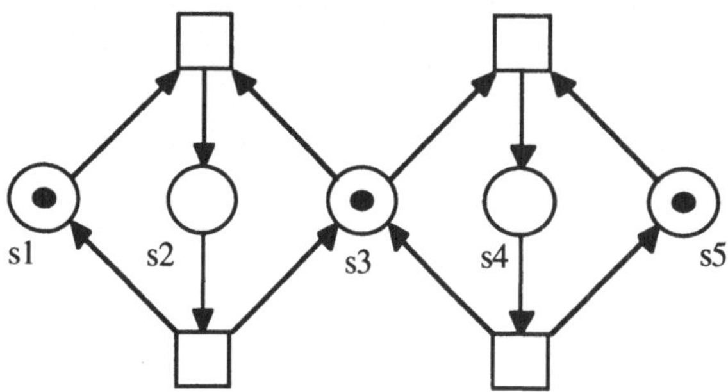

Abbildung 4.1 Wechselseitiger Ausschluß

Die Forderung (E2) nach abwechselnder Markierung der beiden Stellen wird
hier nicht erfüllt. Eine derartige Eigenschaft mag in anderen Systemen aber
durchaus sinnvoll sein. Mit Hilfe von *Synchronieabständen* kann formuliert und
bewiesen werden, daß Transitionen aus zwei Transitionsmengen abwechselnd
schalten (siehe Kapitel 8). Wählt man als Transitionsmengen die Vorbereiche
der betrachteten Stellen, so erhalten diese Stellen abwechselnd Marken.

Im Gegensatz zu den Eigenschaften (E1) und (E2) wird bei (E3) gefordert,
daß irgendwann tatsächlich etwas bestimmtes geschieht. Derartige Eigenschaften – sogenannte *Ziele* – werden in Kapitel 6 betrachtet.

Wir beschränken uns hier in diesem Kapitel auf Eigenschaften der Art

> *Jede erreichbare Markierung erfüllt φ,*

wobei φ ein Prädikat über minimale oder maximale Markenzahlen auf Stellen ist. Wenn φ von allen erreichbaren Markierungen erfüllt wird, wird dieses
Prädikat φ *Fakt* genannt.[1] Derartige Eigenschaften spielen in Anwendungen
eine zentrale Rolle (siehe [Walt95] und [Reis95] zu Beispielen im Anwendungs-
bereich verteilter Algorithmen). Die Eigenschaft (E1) gehört zu dieser Klasse,
denn sie läßt sich äquivalent formulieren als

(E1') *Jede erreichbare Markierung m erfüllt $(m(\mathsf{s2}) = 0 \lor m(\mathsf{s4}) = 0)$.*

Besonders geeignet für linear-algebraische Verifikations- und Beweisverfahren
sind Prädikate, die sich durch lineare Ungleichungen formulieren lassen. Im
ersten Abschnitt dieses Kapitels werden derartige lineare Prädikate definiert.
Der zweite Abschnitt gibt an, wann eine Menge linearer Prädikate ein weiteres

---

[1]Wir vermeiden den Begriff *Invariante*, um Verwechslungen mit Stellen- und Transitionsinvarianten zu vermeiden.

lineares Prädikat impliziert. Diese Überlegungen werden auf Konjunktionen und Disjunktionen linearer Prädikate ausgedehnt. Lineare Prädikate werden im dritten Abschnitt für eine Beweismethode für Fakten verwendet. Schließlich wird im vierten Abschnitt auf lineare Prädikate eingegangen, die die Aktivierung von Transitionen beschreiben. Durch die Kombination derartiger Prädikate erhält man eine hinreichende Bedingung für Verklemmungsfreiheit eines markierten Netzes.

4.1   Lineare Prädikate

Zustände von Systemen entsprechen Markierungen ihrer Petrinetz-Modelle. Prädikate sind also Relationen auf den Markenzahlen der Stellen eines Netzes. Wir betrachten hier zunächst beliebige Verteilungen von Marken auf Stellen eines Netzes und nicht nur Markierungen, die von einer Anfangsmarkierung aus erreichbar sind.

Definition 4.1

> Jedes *Prädikat* eines Netzes N wird über der Menge aller Markierungen von N interpretiert: Es wird von einer Markierung von N entweder *erfüllt* oder *nicht erfüllt*.

Ein Prädikat wird eindeutig bestimmt durch die Menge der Markierungen, von denen es erfüllt wird.

Linear-algebraische Verfahren sind beim Umgang mit beliebigen Prädikaten wenig hilfreich. Wir konzentrieren uns deshalb im folgenden auf Prädikate von Netzen, die durch lineare Ungleichungen beschrieben werden, deren Variablen Markierungen sind. Jede derartige lineare Ungleichung beschreibt das Prädikat, das für alle Lösungen der Ungleichung erfüllt ist und für alle anderen Markierungen nicht erfüllt ist. Wir werden derartige Prädikate *linear* nennen.

Definition 4.2

> Ein Prädikat φ eines Netzes N heißt *linear*, wenn es genau von den nichtnegativen ganzzahligen Lösungen für die Variable $\mathbf{y}$ einer linearen Ungleichung
>
> $$\mathbf{u} \cdot \mathbf{y} \leq v$$
>
> erfüllt wird, wobei $\mathbf{u}$ ein ganzzahliger Stellenvektor (als Zeilenvektor) und v aus $\mathbb{Z}$ ist. Das Prädikat φ wird durch die Ungleichung *beschrieben*.

Ähnlich wie in Kapitel 2 für allgemeine Ungleichungssysteme werden wir auch hier die folgenden abkürzenden Schreibweisen verwenden:

$\mathbf{u} \cdot \mathbf{y} \geq v$ für $(-1)\,\mathbf{u} \cdot \mathbf{y} \leq (-1)\,v$ und

$\mathbf{u} \cdot \mathbf{y} = v$ für die beiden linearen Prädikate $\mathbf{u} \cdot \mathbf{y} \leq v$ und $\mathbf{u} \cdot \mathbf{y} \geq v$.

Man beachte, daß die Variablen dieser Ungleichungen Markierungen – also Stellenvektoren – sind, während bislang die Grundlage von Ungleichungssystemen die Markierungsgleichung war, deren Lösungen passende Transitionsvektoren sind.

Viele in Anwendungsbeispielen vorkommenden Prädikate sind linear. Einige Beispiele seien hier angegeben:

(1) Wenn eine Stelle s eines Netzes eine logische Bedingung modelliert, wird das entsprechende Prädikat durch "$m(s) \geq 1$" beschrieben. Eine beschreibende Ungleichung, die obiger Form genügt, ist

$$\mathbf{e}_s \cdot \mathbf{y} \geq 1.$$

(2) Die Markierungen, die wenigstens eine Stelle einer gegebenen Stellenmenge A markieren, erfüllen das durch

$$\chi(A) \cdot \mathbf{y} \geq 1$$

beschriebene Prädikat.

(3) Jede Stelleninvariante $\mathbf{i}$ generiert die linearen Prädikate, die für alle von einer Anfangsmarkierung m_0 aus erreichbaren Markierungen erfüllt werden. Sie werden beschrieben durch

$$\mathbf{i} \cdot \mathbf{y} = (\mathbf{i} \cdot \mathbf{m}_0).$$

(4) Eine obere Schranke k einer Stelle s wird durch

$$\mathbf{e}_s \cdot \mathbf{y} \leq k$$

beschrieben.

(5) Zwei Stellen s und r modellieren wechselseitig ausgeschlossene Bereiche, wenn sie nie zugleich eine Marke tragen. Dies ist dann der Fall, wenn

$$(\mathbf{e}_s + \mathbf{e}_r) \cdot \mathbf{y} \leq 1$$

erfüllt ist (im Falle sicherer markierter Netze wird wechselseitiger Ausschluß durch diese Ungleichung sogar charakterisiert).

Lineare Prädikate sind im allgemeinen weder abgeschlossen unter Konjunktion noch unter Disjunktion. Die Negation eines linearen Prädikats ist aber wieder linear:

Proposition 4.3

Wenn φ ein lineares Prädikat ist, das durch $\mathbf{u} \cdot \mathbf{y} \leq v$ beschrieben wird, dann ist auch das Prädikat $\neg\varphi$ linear, und es wird beschrieben durch $\mathbf{u} \cdot \mathbf{y} \geq v + 1$. $\square$

4.2 Implikationen linearer Prädikate

Das Netz aus Abbildung 4.1 hat die Stelleninvariante $\mathbf{i} = (0, 1, 1, 1, 0)$. Alle erreichbaren Markierungen m erfüllen also das durch

$$(0, 1, 1, 1, 0) \cdot \mathbf{y} = (0, 1, 1, 1, 0) \cdot \mathbf{m_0}$$

gegebene lineare Prädikat. Da bei der angegebenen Anfangsmarkierung die rechte Seite dieser Gleichung den Wert 1 ergibt, folgt für alle erreichbaren Markierungen m:

$$m(\mathsf{s2}) + m(\mathsf{s3}) + m(\mathsf{s4}) = 1.$$

Da $m(\mathsf{s3})$ nicht negativ sein kann, folgt auch:

$$m(\mathsf{s2}) + m(\mathsf{s4}) \leq 1.$$

Diese Ungleichung wird genau von allen Lösungen des folgenden Ungleichungssystems erfüllt:

$$(\mathbf{e_{s2}} + \mathbf{e_{s4}}) \cdot \mathbf{y} \leq 1.$$

Das durch die Stelleninvariante gegebene lineare Prädikat impliziert also das gesuchte lineare Prädikat, das den wechselseitigen Ausschluß der Stellen $\mathsf{s2}$ und $\mathsf{s4}$ beschreibt.

Im allgemeinen lassen sich aus einer Menge linearer Prädikate weitere lineare Prädikate schließen, wenn eine entsprechende Implikation zwischen den Prädikaten besteht. Dies ist gerade dann der Fall, wenn jede Lösung der beschreibenden Ungleichungen der Prämissen eine Lösung der beschreibenden Ungleichungen der gefolgerten Prädikate darstellt. Eine derartige Implikation läßt sich auch linear-algebraisch charakterisieren:

Proposition 4.4

Seien $\varphi_1, \ldots, \varphi_n$ lineare Prädikate, beschrieben durch die Ungleichungen $\mathbf{u}_i \cdot \mathbf{y} \leq v_i$ $(1 \leq i \leq n)$, und sei φ das durch die Ungleichung $\mathbf{u} \cdot \mathbf{y} \leq v$ beschriebene lineare Prädikat.

Die Menge $\{\varphi_1, \ldots, \varphi_n\}$ impliziert φ genau dann, wenn das folgende Ungleichungssystem keine Lösung für $\mathbf{y}$ aus $\mathbb{N}^*$ hat.

$$
\begin{aligned}
\mathbf{u}_1 \cdot \mathbf{y} &\leq v_1 \\
\mathbf{u}_2 \cdot \mathbf{y} &\leq v_2 \\
&\vdots \\
\mathbf{u}_n \cdot \mathbf{y} &\leq v_n \\
\mathbf{u} \cdot \mathbf{y} &\geq v + 1
\end{aligned}
$$

$\qquad\qquad\square$

Wir betrachten als weiteres Beispiel nochmals das markierte Netz aus Abbildung 3.1 in Kapitel 3. In diesem Beispiel erfüllt jede erreichbare Markierung die durch folgende Ungleichungen beschriebenen Prädikate.

$$
\begin{aligned}
(\ -1,\ \ 0,\ -1,\ -1,\ \ 0,\ -1,\ -1\ ) \cdot \mathbf{y} &\leq -1 \\
(\ \ 2,\ \ 1,\ \ 1,\ \ 1,\ \ 1,\ \ 1,\ \ 1\ ) \cdot \mathbf{y} &\leq \ \ 2
\end{aligned}
$$

Wir wollen zeigen, daß diese Prädikate den wechselseitigen Ausschluß von s2 und s5 implizieren. Entsprechend Proposition 4.4 fügen wir das Komplement der Ungleichung $(0, 1, 0, 0, 1, 0, 0) \cdot \mathbf{y} \leq 1$ den obigen Ungleichungen hinzu. Dies ist

$$
(\ \ 0,\ -1,\ \ 0,\ \ 0,\ -1,\ \ 0,\ \ 0\ ) \cdot \mathbf{y} \leq -2.
$$

Diese drei Ungleichungen wurden einheitlich mit "$\leq$" formuliert. Daher können wir jeweils die linken und die rechten Seiten addieren und erhalten

$$
(\ \ 1,\ \ 0,\ \ 0,\ \ 0,\ \ 0,\ \ 0,\ \ 0\ ) \cdot \mathbf{y} \leq -1.
$$

Es gibt keine nichtnegative Lösung dieser Ungleichung für $\mathbf{y}$. Daher haben die drei zuvor angegebenen Ungleichungen ebenfalls keine gemeinsame nichtnegative Lösung für $\mathbf{y}$. Dasselbe ist einfacher zu sehen, wenn die Nichtnegativität aller Komponenten von $\mathbf{y}$ in Form von Ungleichungen ergänzt wird; dann reicht es aus, die ganzzahlige Unlösbarkeit des Ungleichungssystems für $\mathbf{y}$ zu beweisen. In dem genannten Beispiel kann man die Ungleichung

$$
(\ -1,\ \ 0,\ \ 0,\ \ 0,\ \ 0,\ \ 0,\ \ 0\ ) \cdot \mathbf{y} \leq 0
$$

addieren und erhält den Widerspruch "$0 \leq -1$".

Proposition 4.4 besagt auch, daß ein lineares Prädikat φ nicht aus anderen linearen Prädikaten $\varphi_1, \ldots, \varphi_n$ folgt, wenn das angegebene Ungleichungssystem lösbar ist. Tatsächlich liefert jede Lösung eine Markierung, für die alle Prädikate der Prämisse gelten, aber das zu zeigende Prädikat φ nicht gilt.

Eine Menge linearer Ungleichungen $\mathbf{u}_i \cdot \mathbf{y} \le v_i$ $(1 \le i \le n)$ läßt sich in einer Matrixform darstellen:

$$\begin{bmatrix} \mathbf{u}_1 \\ \vdots \\ \mathbf{u}_n \end{bmatrix} \cdot \mathbf{y} \le \begin{pmatrix} v_1 \\ \vdots \\ v_n \end{pmatrix} = \mathbf{v}.$$

Wenn dieses Ungleichungssystem zusammen mit $\mathbf{y} \ge \mathbf{0}$ keine rationale Lösung besitzt, dann ist es insbesondere nicht ganzzahlig lösbar. Die Unlösbarkeit in den rationalen Zahlen ist wegen Variante 9 von Farkas Lemma (siehe Kapitel 2) äquivalent zu der Lösbarkeit des folgenden Ungleichungssystems.

$$\mathbf{x} \cdot \begin{bmatrix} \mathbf{u}_1 \\ \vdots \\ \mathbf{u}_n \end{bmatrix} \ge \mathbf{0}, \ \mathbf{x} \cdot \mathbf{v} < 0, \ \mathbf{x} \ge \mathbf{0}.$$

Tatsächlich existiert für unser Beispiel ein Lösungsvektor des Ungleichungssystems

$$\mathbf{x} \cdot \begin{bmatrix} -1 & 0 & -1 & -1 & 0 & -1 & -1 \\ 2 & 1 & 1 & 1 & 1 & 1 & 1 \\ 0 & -1 & 0 & 0 & -1 & 0 & 0 \end{bmatrix} \ge \mathbf{0}, \ \mathbf{x} \cdot \begin{pmatrix} -1 \\ 2 \\ -2 \end{pmatrix} < 0, \ \mathbf{x} \ge \mathbf{0},$$

nämlich $(1, 1, 1)$. Dieser Lösungsvektor entspricht gerade den Koeffizienten der oben durchgeführten Addition der Ungleichungen.

Die Konjunktion und die Disjunktion linearer Prädikate ist im allgemeinen nicht linear. Wir können die Beweismethode trotzdem auf derartige Prädikate anwenden. Dafür verwenden wir die folgenden Zusammenhänge, die unmittelbar aus aussagenlogischen Beziehungen folgen.

Proposition 4.5

Seien $\varphi_1, \ldots, \varphi_n$ Prädikate.

Die Menge $\{\varphi_1, \ldots, \varphi_n\}$ impliziert die Konjunktion der linearen Prädikate $\psi_1, \ldots, \psi_k$ genau dann, wenn sie jedes ψ_i $(1 \le i \le k)$ impliziert.

Die Menge $\{\varphi_1, \ldots, \varphi_n\}$ impliziert die Disjunktion der linearen Prädikate $\psi_1, \ldots, \psi_k$ genau dann, wenn die Prädikate $\varphi_1, \ldots, \varphi_n, \neg\psi_1, \ldots, \neg\psi_k$ für keine beliebige Markierung gemeinsam gelten. $\qquad\square$

Als Beispiel sei das Prädikat genannt, das von allen Markierungen eines Netzes bis auf eine bestimmte Markierung m_1 erfüllt ist (Unerreichbarkeit von m_1). Dieses Prädikat läßt sich als Disjunktion linearer Prädikate formulieren, die für jede Stelle s durch die Ungleichungen

$$\begin{aligned} \mathbf{e}_s \cdot \mathbf{y} &\leq m_1(s) - 1 \\ \mathbf{e}_s \cdot \mathbf{y} &\geq m_1(s) + 1 \end{aligned}$$

beschrieben werden. Um zu zeigen, daß dieses Prädikat aus einer Menge $\{\varphi_1, \ldots, \varphi_k\}$ linearer Prädikate folgt, reicht es gemäß Proposition 4.4 aus, die Unlösbarkeit des folgenden Gleichungssystems zu zeigen:

$$\begin{aligned} \mathbf{u}_1 \cdot \mathbf{y} &\leq v_1 \\ &\vdots \\ \mathbf{u}_k \cdot \mathbf{y} &\leq v_k \\ \mathbf{e}_{s_1} \cdot \mathbf{y} &= m_1(s_1) \\ &\vdots \\ \mathbf{e}_{s_n} \cdot \mathbf{y} &= m_1(s_n) \end{aligned}$$

wobei die ersten k Ungleichungen die Prädikate $\varphi_1, \ldots, \varphi_k$ beschreiben.

Wir können die in Proposition 4.4 angegebene Methode zur Implikation linearer Prädikate auf beliebige aussagenlogische Formeln ausdehnen, deren elementare Aussagen lineare Prädikate sind: Sei nämlich eine aussagenlogische Formel o.B.d.A. in konjunktiver Normalform gegeben. Dann lassen sich alle Klauseln wie oben für Disjunkionen beschrieben beweisen, und dies impliziert die gesamte Aussage. Allerdings gibt es Prädikate, die nur durch sehr lange Formeln in konjunktive Normalform ausgedrückt werden können.

4.3 Beweise von Fakten

Das Beispiel im vorigen Abschnitt macht deutlich, daß insbesondere Prädikate interessieren, die von allen erreichbaren Markierungen eines markierten Netzes erfüllt werden.

Notation 4.6

Ein *Fakt* eines markierten Netzes ist ein Prädikat, das von allen erreichbaren Markierungen erfüllt wird.

Jedes Prädikat, das von einer Menge von Fakten impliziert wird, ist selbst ein Fakt. Insbesondere ist also jede Abschwächung eines Faktes wieder ein Fakt.

Zum Beweis, daß ein gegebenes Prädikat ψ ein Fakt ist, muß gezeigt werden,
daß der stärkste Fakt

$$\psi_0 = \text{``ist von der Anfangsmarkierung erreichbar''}$$

das Prädikat ψ impliziert. Dieser Beweis ist zumeist nicht trivial, will man
nicht die Menge aller erreichbaren Markierungen explizit konstruieren. Weder
das Prädikat ψ_0 noch das Prädikat ψ ist im allgemeinen linear. Implikationen
linearer Prädikate können trotzdem verwendet werden, wenn man die folgenden Schritte zeigen kann.

(1) ψ_0 impliziert lineare Prädikate $\varphi_1, \ldots, \varphi_n$.

(2) Die Menge $\{\varphi_1, \ldots, \varphi_n\}$ impliziert weitere lineare Prädikate $\varphi_1', \ldots, \varphi_n'$.

(3) Die Menge $\{\varphi_1', \ldots, \varphi_n'\}$ impliziert ψ.

Wir haben den Schritt (2) im vorigen Abschnitt behandelt. Schritt (3) besteht
aus logischen Transformationen, zum Beispiel kann ψ die Konjunktion oder
Disjunktion linearer Prädikate sein. In unseren Beispielen ist ψ stets selbst
ein lineares Prädikat. Für den Schritt (1) ist es notwendig, aus der Struktur
des Netzes und der Anfangsmarkierung Ungleichungen abzuleiten, die für alle
erreichbaren Markierungen gelten.

Ein Beispiel für abgeleitete Ungleichungen ist durch Stelleninvarianten gegeben, wie wir bereits gezeigt haben. Im Beispiel aus Abbildung 3.1 ist der Vektor $\mathbf{i} = (2, 1, 1, 1, 1, 1, 1)$ eine Stelleninvariante. Diese Stelleninvariante liefert,
zusammen mit der Anfangsmarkierung, die zweite verwendete Ungleichung:

$$(\ 2, \ \ 1, \ \ 1, \ \ 1, \ \ 1, \ \ 1, \ \ 1) \cdot \mathbf{y} \leq 2.$$

Die erste verwendete Ungleichung

$$(-1, \ \ 0, -1, -1, \ \ 0, -1, -1) \cdot \mathbf{y} \leq -1$$

besagt, daß auf der Stellenmenge $\{\mathsf{s1}, \mathsf{s3}, \mathsf{s4}, \mathsf{s6}, \mathsf{s7}\}$ wenigstens eine Marke
liegt, wie man nach Multiplikation beider Seiten der Ungleichung mit -1 leicht
sieht. Dieses Prädikat ist im Beispielnetz erfüllt, weil es unter der Anfangsmarkierung erfüllt ist und keine Transition eine Marke aus der Stellenmenge
entfernt, ohne wieder eine Marke auf eine Stelle dieser Menge zurückzulegen.
Stellenmengen mit dieser Eigenschaft werden *Fallen* genannt. Jede anfangs
markierte Falle A induziert das lineare Prädikat $\chi(A) \cdot \mathbf{y} \geq 1$. Für die ausführ-
liche Behandlung von Fallen verweisen wir auf Kapitel 5.

Wir haben bereits in der Einleitung eine Beziehung zwischen der Markierungsgleichung und Stelleninvarianten hergestellt: Wenn die Markierungsgleichung
keine Lösung besitzt, dann läßt sich dies mit Hilfe von Stelleninvarianten beweisen. Wenn umgekehrt ein lineares Prädikat mit Hilfe von Stelleninvarianten
bewiesen werden kann, dann liegt es nahe, auch diesen Beweis mit Hilfe der
Markierungsgleichung zu formulieren.

Sei ein lineares Prädikat gegeben durch die Ungleichung

$$\mathbf{u} \cdot \mathbf{y} \leq v.$$

Wir können die variable Markierung $\mathbf{y}$ ersetzen durch $\mathbf{m}_0 + \mathbf{N} \cdot \mathbf{x}$, da jede
erreichbare Markierung die Markierungsgleichung für ein ganzzahliges $\mathbf{x} \geq \mathbf{0}$
erfüllt. So erhalten wir die Ungleichung

$$\mathbf{u} \cdot (\mathbf{m}_0 + \mathbf{N} \cdot \mathbf{x}) \leq v.$$

Umstellung ergibt

$$(\mathbf{u} \cdot \mathbf{N}) \cdot \mathbf{x} \leq v - \mathbf{u} \cdot \mathbf{m}_0.$$

Wenn diese Ungleichung impliziert wird von

$$\begin{array}{rcl} \mathbf{N} \cdot \mathbf{x} & \geq & -\mathbf{m}_0 \\ \mathbf{x} & \geq & 0 \end{array},$$

dann ist das lineare Prädikat ein Fakt.

Jede Stelleninvariante $\mathbf{i}$ erzeugt zwei lineare Prädikate, beschrieben durch die
Ungleichungen

$$\mathbf{i} \cdot \mathbf{y} \leq (\mathbf{i} \cdot \mathbf{m}_0) \quad \text{und} \quad \mathbf{i} \cdot \mathbf{y} \geq (\mathbf{i} \cdot \mathbf{m}_0).$$

Wegen $\mathbf{i} \cdot \mathbf{N} = \mathbf{0}$ ergibt die oben beschriebene Umformung jeweils eine Ungleichung, deren beide Seiten unabhängig vom Wert der Variablen $\mathbf{x}$ Null ergibt.
Durch Stelleninvarianten generierte Ungleichungen sind also nach Einsetzen
der Markierungsgleichung stets erfüllt und können fortgelassen werden. Damit entfällt beim formalen Beweis eines Faktes die Notwendigkeit, passende
Stelleninvarianten zu finden. Wenn insbesondere ein lineares Prädikat allein
aus Stelleninvarianten folgt, dann bleibt bei der Transformation des Ungleichungssystems nur sein Komplement übrig. Diese Aussage wird nochmals in
folgendem Satz formuliert.

Satz 4.7

Sei N ein Netz mit Anfangsmarkierung m_0.

Ein lineares Prädikat, beschrieben durch $\mathbf{u} \cdot \mathbf{y} \leq v$, ist allein mit Stellen-invarianten als Fakt beweisbar, wenn die folgenden Ungleichungen keine Lösung für $\mathbf{x}$ besitzen:

$$
\begin{aligned}
(\mathbf{u} \cdot \mathbf{N}) \cdot \mathbf{x} &\geq v + 1 - \mathbf{u} \cdot \mathbf{m}_0 \\
\mathbf{x} &\geq \mathbf{0} \\
\mathbf{N} \cdot \mathbf{x} &\geq -\mathbf{m}_0.
\end{aligned}
$$

$\square$

Wieder kann die Nichtexistenz einer ganzzahligen Lösung gefordert werden, oftmals reicht es aber aus, die Unlösbarkeit in $\mathbb{Q}^*$ zu zeigen.

4.4   Lebendigkeit und Verklemmungen

Für jede Transition kann durch eine Konjunktion linearer Prädikate ihre Aktivierungsbedingung ausgedrückt werden: Für jede Eingangsstelle fordert ein lineares Prädikat genügend Marken, entsprechend der Gewichtung der Kante von der Stelle zur Transition.

Für Transitionen mit nur einer Eingangsstelle wird die Aktivierung also mit genau einem linearen Prädikat beschrieben. Falls eine Transition mehrere Eingangsstellen besitzt und alle diese Stellen für die betrachtete Anfangsmarkierung sicher sind, kommt man ebenfalls mit nur einem Prädikat aus. Bei sicher markierten Netzen betrachten wir keine Kantengewichte, da diese das Schalten der Transition stets ausschließen würden.

Proposition 4.8

Sei t eine Transition eines markierten Netzes derart, daß alle Stellen in ${}^\bullet t$ sicher sind und jede eingehende Kante das Gewicht eins hat.

Die Transition t ist genau dann von einer erreichbaren Markierung m aktiviert, wenn

$$
\chi({}^\bullet t) \cdot \mathbf{m} \geq |{}^\bullet t|.
$$

$\square$

Aufgrund der Sicherheit gilt nie $\chi({}^\bullet t) \cdot \mathbf{m} > |{}^\bullet t|$; das Ungleichungszeichen läßt sich also durch das Gleichheitszeichen ersetzen.

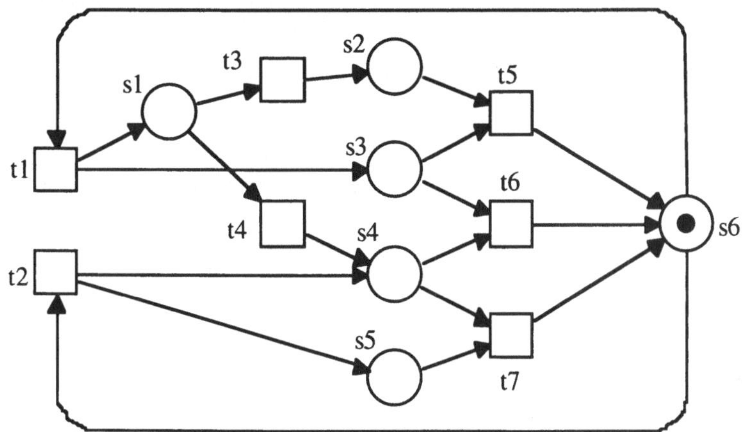

Abbildung 4.2 Ein verklemmungsfrei markiertes Netz

Wie oben beschrieben, existiert bei beliebigen markierten Netzen zu jeder
Transition eine Menge linearer Prädikate, die genau dann alle von einer Markierung erfüllt sind, wenn die Transition aktiviert ist. Wir nennen diese Prädikate
Aktivierungeprädikate der Transition. Eine Markierung ist tot, wenn für jede
Transition bei dieser Markierung wenigstens eines ihrer Aktivierungsprädikate
unerfüllt ist. Wenn zu jeder Transition nur ein Aktivierungsprädikat existiert,
dann läßt sich eine tote Markierung durch die konjunktive Verknüpfung negier-
ter Aktivierungsprädikate beschreiben. Andernfalls erhalten wir eine Disjunktion von derartigen Konjunktionen, deren Anzahl exponentiell mit der Zahl
der Transitionen mit mehreren Aktivierungsprädikaten wachsen kann.

Satz 4.9

> *Sei N ein Netz ohne Kantengewichte, und sei m_0 eine sichere Anfangs-
> markierung von N.*
>
> *Wenn jede erreichbare Markierung m für wenigstens eine Transition t das
> durch $\chi(^{\bullet}t) \cdot \mathbf{y} \geq |^{\bullet}t|$ beschriebene lineare Prädikat erfüllt, dann ist m_0
> verklemmungsfrei.*   □

Zum Beweis der Verklemmungsfreiheit eines sicher markierten Netzes reicht
es also aus zu zeigen, daß eine Menge linearer Aktivierungsprädikate nicht
für eine erreichbare Markierung alle unerfüllt sind. In anderen Worten: Ihre
Disjunktion soll ein Fakt sein.

In allen bislang vorgestellten Beispielen ist es mit dieser Methode möglich, die
Verklemmungsfreiheit der Anfangsmarkierung zu zeigen. Die Disjunktion der

Aktivierungsprädikate folgt sogar stets allein aus Stelleninvarianten. Wie im vorigen Abschnitt gezeigt wurde, müssen dazu Stelleninvarianten nicht explizit ermittelt werden, sondern die Aussage läßt sich auch allein durch Einsetzen der Markierungsgleichung beweisen.

Im markierten Netz aus Abbildung 4.2ist dies anders. Die angegebene Anfangsmarkierung m_0 ist verklemmungsfrei und sogar lebendig. Die Markierung

$$\mathbf{m} = (0, 1, 0, 0, 1, 0)^\mathsf{T}$$

ist eine tote Markierung, die natürlich nicht von der angegebenen Anfangsmarkierung m_0 aus erreichbar ist. Die Markierungsgleichung $\mathbf{m_0} + \mathbf{N} \cdot \mathbf{x} = \mathbf{m}$ hat aber die Lösung

$$(2, 2, 2, 0, 1, 1, 1)^\mathsf{T}$$

für $\mathbf{x}$. Also stimmen $\mathbf{m_0}$ und $\mathbf{m}$ bezüglich aller Stelleninvarianten überein.

Literaturangaben

Die Verwendung von Stelleninvarianten und anderer struktureller Methoden zum Beweis von Fakten wird in vielen Publikationen vorgeschlagen (siehe zum Beispiel [Reis86]). Eine systematische Untersuchung im Rahmen einer Logik ist in [Walt95] zu finden.

Die Darstellung der Aktivierungsbedingung durch eine lineare Ungleichung geht auf [Dese85] zurück. Das Beispiel eines lebendig und sicher markierten Netzes, dessen Verklemmungsfreiheit nicht mit Stelleninvarianten bewiesen werden kann, stammt aus [Dese88b]. In [TeCS93] wird die hier vorgestellte Methode zur Analyse von Verklemmungsfreiheit ausführlich diskutiert. Es werden verschiedene Vorschläge angegeben, die Anzahl der Aktivierungsprädikate von Transitionen zu minimieren, damit die Darstellung von Verklemmungsfreiheit in disjunktiver Normalform nicht zu groß wird (die Länge dieser Formel hängt mit der Anzahl der Ungleichungen zusammen, die im Beweis zu einem Widerspruch zu führen sind).

Kapitel 5

Fallen und Co-Fallen

In vielen Netzen reichen die Markierungsgleichung bzw. Stelleninvarianten nicht aus, um jede nichterreichbare Markierung zu identifizieren. Im markierten Netz aus Abbildung 3.1 wurde dies bereits deutlich; die Markierung $\mathbf{m}_1 = (0, 1, 0, 0, 1, 0, 0)^\mathsf{T}$ des dargestellten Netzes ist nicht von der Anfangsmarkierung erreichbar, aber die Markierungsgleichung hat eine Lösung über den natürlichen Zahlen. Dasselbe gilt für die tote Markierung $\mathbf{m} = (0, 1, 0, 0, 1, 0)^\mathsf{T}$ im (lebendigen) markierten Netz aus Abbildung 4.2.

Eine weitere Methode zum Beweis von Nichterreichbarkeit einer Markierung ist durch Fallen gegeben. Eine Falle ist eine Stellenmenge eines Netzes, die – wenn sie einmal wenigstens eine markierte Stelle enthält – für alle Folgemarkierungen eine markierte Stelle enthält. Dies ist offensichtlich für eine Stellenmenge A dann der Fall, wenn jede Transition die Anzahl der Marken auf A erhöht oder unverändert läßt[1]. Für den charakteristischen Vektor $\chi(A)$ von A und für jede Transition t ist für diesen Fall die Ungleichung $\chi(A) \cdot \mathbf{t} \geq 0$ erfüllt. Eine Verallgemeinerung der Vektoren $\chi(A)$ ist durch beliebige nichtnegative Stellenvektoren $\mathbf{i} \geq \mathbf{0}$ mit Trägermenge A gegeben, also durch Stellenvektoren, die genau für die Stellen aus A einen positiven Eintrag haben. Wenn ein derartiger Vektor $\mathbf{i}$ das Ungleichungssystem $\mathbf{y} \cdot \mathbf{N} \geq \mathbf{0}$ erfüllt, dann beschreibt er analog zu Stelleninvarianten eine Gewichtsfunktion derart, daß die gewichtete Markensumme nicht abnehmen kann.

Im Beispiel aus Abbildung 3.1 markiert jede erreichbare Markierung wenigstens eine Stelle aus der Menge

$$A = \{\mathsf{s1}, \mathsf{s3}, \mathsf{s4}, \mathsf{s6}, \mathsf{s7}\},$$

---

[1]Nicht alle Fallen haben diese Eigenschaft der Menge A.

weil die Stellen **s3** und **s4** anfangs markiert sind und jede Transition die Eigenschaft

$$m(\mathbf{s1}) + m(\mathbf{s3}) + m(\mathbf{s4}) + m(\mathbf{s6}) + m(\mathbf{s7}) > 0$$

erhält. Dies läßt sich allerdings nicht wie oben mit der Monotonie einer gewichteten Summe der Marken auf Stellen von A begründen. Es gilt hier jedoch die schwächere, aber hinreichende Bedingung, daß jede Transition, die eine oder mehrere Marken von Stellen aus A entfernt, wenigstens eine Marke auf eine Stelle aus A hinzufügt oder – im Falle von Schlingen – zurücklegt. Stellenmengen mit dieser Eigenschaft werden Fallen genannt.

Der erste Abschnitt dieses Kapitels widmet sich der Verwendung von Fallen zum Beweis der Nichterreichbarkeit einer Markierung. Die Darstellung der Ausdruckskraft aller Fallen eines Netzes durch ein lineares Prädikat wird im zweiten Abschnitt erläutert. Schließlich werden im dritten Abschnitt die zu Fallen symmetrischen Co-Fallen behandelt.

5.1   Fallen und Erreichbarkeit

Definition 5.1

Jede Stellenmenge A eines Netzes, die $A^\bullet \subseteq {}^\bullet A$ erfüllt, heißt *Falle* von N.

Proposition 5.2

Sei N ein Netz, A eine Falle von N und m_0 eine Markierung von N.

Falls m_0 eine Stelle von A markiert und m von m_0 erreichbar ist, dann markiert auch m eine Stelle von A.   □

Für das Netz aus Abbildung 3.1 ist die oben angegebene Menge A eine Falle. Sie ist anfangs markiert und bleibt wegen Proposition 5.2 für alle erreichbaren Markierungen markiert. Insbesondere beweist diese Falle, daß die Markierung $\mathbf{m_1} = (0, 1, 0, 0, 1, 0, 0)^\top$ nicht erreichbar sein kann, denn diese Markierung markiert keine Stelle aus A. Entsprechend zeigt die anfangs markierte Falle

$$A = \{\mathbf{s3}, \mathbf{s4}, \mathbf{s6}\}$$

des Netzes aus Abbildung 4.2, daß die Markierung $\mathbf{m} = (0, 1, 0, 0, 1, 0)^\top$ nicht erreichbar ist, denn alle erreichbaren Markierungen m erfüllen

$$m(\mathbf{s3}) + m(\mathbf{s4}) + m(\mathbf{s6}) > 0$$

Die durch Fallen generierte notwendige Bedingung für die Erreichbarkeit einer Markierung m von der Anfangsmarkierung m_0 lautet:

(F1) *Jede Falle, die eine unter der Anfangsmarkierung m_0 markierte Stelle enthält, enthält auch eine unter m markierte Stelle.*

Zur Lösung des *Widerlegungsproblems* von (F1) genügt es, eine Falle A anzugeben, die eine unter m_0 markierte Stelle und keine unter m markierte Stelle besitzt. Sowohl die definierende Eigenschaft einer Falle als auch die beiden Bedingungen an die Markierungen sind leicht und effizient nachprüfbar.

Für das *Entscheidungsproblem* und auch das *Beweisproblem* führen wir das Problem (F1) zunächst auf ein lineares Ungleichungssystem zurück.

Lemma 5.3

Eine Stellenmenge A eines Netzes ist genau dann eine Falle, wenn für jede Transition t gilt:

$$|{}^{\bullet}t| \cdot |A \cap t^{\bullet}| \geq |A \cap {}^{\bullet}t|.$$

Beweis:

($\Rightarrow$)

Sei t eine Transition von N.

Wenn $t \notin A^{\bullet}$, dann gilt $|A \cap {}^{\bullet}t| = 0$.

Sei nun $t \in A^{\bullet}$. Dann gilt $t \in {}^{\bullet}A$, da A eine Falle ist. Es folgt: $|A \cap t^{\bullet}| \geq 1$. Also gilt:

$$|{}^{\bullet}t| \cdot |A \cap t^{\bullet}| \geq |{}^{\bullet}t| \geq |A \cap {}^{\bullet}t|.$$

($\Leftarrow$)

Sei $t \in A^{\bullet}$ eine Transition. Dann gilt $|A \cap {}^{\bullet}t| > 0$. Aufgrund der Annahme folgt $|{}^{\bullet}t| \cdot |A \cap t^{\bullet}| > 0$ und deshalb $|A \cap t^{\bullet}| > 0$. Dies impliziert $t \in {}^{\bullet}A$. $\qquad\square$

Die in Lemma 5.3 angegebene Ungleichung beschreibt, daß durch das Schalten einer Transition die Markenzahl auf einer Falle zwar abnehmen kann, aber stets ein positiver Betrag übrigbleibt, wenn die Markenzahl zuvor positiv war. Dieselbe Aussage ist möglich, wenn die Marken auf der Falle beliebig aber positiv gewichtet werden. Eine entsprechende Charakterisierung von Fallen wird im folgenden Lemma angegeben.

Lemma 5.4

Eine Stellenmenge A eines Netzes ist genau dann eine Falle, wenn ein Stellenvektor $\mathbf{k} \geq \mathbf{0}$ mit Trägermenge A existiert, so daß für jede Transition t gilt:

$$|{}^\bullet t|\, \chi(t^\bullet) \cdot \mathbf{k} \geq \chi({}^\bullet t) \cdot \mathbf{k}.$$

Beweis:

$(\Rightarrow)$

Wegen Lemma 5.3 hat der charakteristische Vektor von A gerade die gesuchte Eigenschaft.

$(\Leftarrow)$

Sei $t \in A^\bullet$ eine Transition. Dann gilt $\chi({}^\bullet t) \cdot \mathbf{k} > 0$. Aufgrund der Annahme folgt $|{}^\bullet t|\, \chi(t^\bullet) \cdot \mathbf{k} > 0$ und deshalb $\chi(t^\bullet) \cdot \mathbf{k} > 0$. Dies impliziert $t \in {}^\bullet A$. $\square$

Das Entscheidungsproblem der Eigenschaft (F1) läßt sich unter Verwendung von Lemma 5.4 auf die rationale Lösbarkeit des folgenden Ungleichungssystems zurückführen, wobei m_0 wieder die Anfangsmarkierung, m die zu untersuchende Markierung, und $\mathbf{y}$ den variablen Vektor benennt.

$$
\begin{aligned}
\mathbf{y} \cdot \mathbf{m}_0 &> 0 \\
\mathbf{y} \cdot \mathbf{m} &\leq 0 \\
\mathbf{y} \cdot (|{}^\bullet t|\, \chi(t^\bullet) - \chi({}^\bullet t)) &\geq 0 \quad \text{für jede Transition } t \\
\mathbf{y} &\geq \mathbf{0}
\end{aligned}
$$

Die dritte und die vierte Zeile stellen sicher, daß die Trägermenge des Lösungsvektors ein Falle ist. Die erste Ungleichung ist genau dann erfüllt, wenn m_0 wenigstens eine Stelle dieser Falle markiert. Die Ungleichung der zweiten Zeile besagt, daß die Markierung m keine Stelle der Falle markiert. Das gesamte Ungleichungssystem ist also genau dann lösbar, wenn eine anfangs markierte Falle existiert, die unter der Markierung m nicht markiert ist. Da die Lösbarkeit mit polynomiellem Aufwand entschieden werden kann, können wir auch das *Entscheidungsproblem* von (F1) effizient lösen.

Für das *Beweisproblem* reicht die Angabe einer Lösung dieses Ungleichungssystems, deren Überprüfung nur linearen Aufwand kostet.

5.2 Fallen und lineare Prädikate

Jede anfangs markierte Falle A liefert das lineare Prädikat $\mathbf{y} \cdot \chi(A) \geq 1$, das in Beweisen von Fakten eines markierten Netzes verwendet werden kann (jeder Lösungsvektor ist eine Markierung, die die Falle markiert).

Wir interessieren uns im folgenden für die Frage, ob zu einem gegebenen linearen Prädikat eine Falle existiert, die das Prädikat beweist. Die Konstruktion und Überprüfung aller Fallen eines Netzes ist im allgemeinen nicht effizient möglich, da die Anzahl der Fallen exponentiell mit der Größe des Netzes wachsen kann.

Die Ausdruckskraft von beliebigen Stelleninvarianten wurde durch die Lösbarkeit der Markierungsgleichung charakterisiert. Entsprechend geben wir hier ein Ungleichungssystem an, dessen Lösbarkeit mit der Ausdruckskraft von Fallen übereinstimmt.

Das Ziel ist, für eine gegebene Anfangsmarkierung ein lineares Prädikat über Markierungen zu formulieren, das genau für die Markierungen erfüllt ist, die alle anfangs markierten Fallen markieren. Wir werden ein derartiges lineares Prädikat bestimmen, das aber neben Variablen für die Markierungen weitere Variablen besitzt. Da die Anzahl dieser Variablen der Anzahl aller Stellen des Netzes entspricht, ist die Lösbarkeit noch mit polynomiellem Aufwand in der Größe des Netzes zu entscheiden.

Wir gehen aus von dem im vorigen Abschnitt angegebenen Ungleichungssystem für das Entscheidungsproblem (F1). Für jede Transition t ist

$$|{}^\bullet t| \, \chi(t^\bullet) - \chi({}^\bullet t)$$

ein Stellenvektor. Wir definieren eine Matrix $\mathbf{B}$, deren Spalten gerade diese Vektoren sind. Dann läßt sich das Ungleichungssystem äquivalent darstellen durch

$$\begin{aligned}
\mathbf{y} \cdot \mathbf{m}_0 &> 0 \\
\mathbf{y} \cdot \mathbf{m} &\leq 0 \\
\mathbf{y} \cdot \mathbf{B} &\geq 0 \\
\mathbf{y} &\geq 0
\end{aligned}$$

Dieses Ungleichungssystem hat genau dann eine rationale Lösung für den Vektor $\mathbf{y}$, wenn die Markierung m eine anfangs markierte Falle nicht markiert. Insbesondere ist es also für keine erreichbare Markierung lösbar.

Zur Umformungen in die gesuchte Form verwenden wir wieder die 9. Variante von Farkas Lemma (siehe Kapitel 2):

Genau eines der folgenden Ungleichungssysteme hat eine Lösung:

$$\mathbf{A} \cdot \mathbf{x} \le \mathbf{b}, \ \mathbf{x} \ge 0$$
$$\mathbf{y} \cdot \mathbf{A} \ge 0, \ \mathbf{y} \cdot \mathbf{b} < 0, \ \mathbf{y} \ge 0$$

Wir konstruieren eine Matrix aus der Matrix $\mathbf{B}$ und einer zusätzlichen Spalte, die die Komponenten des Vektors $-\mathbf{m}$ enthält; $\mathbf{A} = [\mathbf{B} \mid -\mathbf{m}]$. Außerdem definieren wir $\mathbf{b} = -\mathbf{m}_0$. Damit entspricht unser Ungleichungssystem genau der unteren Zeile. Die Anwendung des Lemmas liefert das folgende Ungleichungssystem:

$$
\begin{aligned}
[\mathbf{B} \mid -\mathbf{m}] \cdot \mathbf{x} \ &\le \ -\mathbf{m}_0 \\
\mathbf{x} \ &\ge \ 0
\end{aligned}
$$

Es besitzt genau dann eine rationale Lösung für eine Markierungen m, wenn diese alle anfangs markierten Fallen markiert.

Durch Zerlegung des variablen Vektors $\mathbf{x}$ in $\tilde{\mathbf{x}}$ (alle Komponenten bis auf die letzte Komponente) und x (die letzte Komponente) erhalten wir die folgende Darstellung desselben Ungleichungssystems.

$$
\begin{aligned}
\mathbf{B} \cdot \tilde{\mathbf{x}} - x\,\mathbf{m} \ &\le \ -\mathbf{m}_0 \\
\tilde{\mathbf{x}} \ &\ge \ 0 \\
x \ &\ge \ 0
\end{aligned}
$$

Falls eine Lösung mit $x = 0$ existiert, dann ist derselbe Lösungsvektor $\tilde{\mathbf{x}}$ ergänzt um $x = 1$ ebenfalls eine Lösung, da $\mathbf{m}$ ein Markierungsvektor ist, also keine negativen Komponenten hat. Wir können also von $x > 0$ ausgehen und erhalten nach Division durch x und Umstellung das Ungleichungssystem:

$$
\begin{aligned}
\mathbf{m} \ &\ge \ \tfrac{1}{x}\mathbf{B} \cdot \tilde{\mathbf{x}} + \tfrac{1}{x}\mathbf{m}_0 \\
\tilde{\mathbf{x}} \ &\ge \ 0 \\
x \ &> \ 0
\end{aligned}
$$

Durch Verwendung der Variablen $\check{\mathbf{z}} = \tfrac{1}{x}\tilde{\mathbf{x}}$ und $z = \tfrac{1}{x}$ erhalten wir schließlich die folgende Form

$$
\begin{aligned}
\mathbf{m} \ &\ge \ \mathbf{B} \cdot \check{\mathbf{z}} + z\,\mathbf{m}_0 \\
\check{\mathbf{z}} \ &\ge \ 0 \\
z \ &> \ 0
\end{aligned}
$$

Diese Form ist linear in den Variablen $\mathbf{m}$, $\check{\mathbf{z}}$ und z. Der folgende Satz formuliert nochmals das Ergebnis dieser Umformungen.

Satz 5.5

Sei N ein Netz mit Anfangsmarkierung m_0.

Für jede Transition t ist

$$|{}^\bullet t|\, \chi(t^\bullet) - \chi({}^\bullet t)$$

ein Stellenvektor. Die Matrix $\mathbf{B}$ habe diese Vektoren als Spalten.

Eine Markierung m von N markiert genau dann alle von m_0 markierten Fallen, wenn das lineare Ungleichungssystem

$$\begin{aligned}
\mathbf{m} &\geq \mathbf{B}\cdot\tilde{\mathbf{z}} + z\,\mathbf{m}_0 \\
\tilde{\mathbf{z}} &\geq \mathbf{0} \\
z &> 0
\end{aligned}$$

eine rationale Lösung für $\tilde{\mathbf{z}}$ und z hat. $\qquad\square$

Dieses lineare Prädikat kann zu den Voraussetzungen hinzugenommen werden, wenn – wie im vorigen Kapitel – Implikationen zwischen linearen Prädikaten gezeigt werden sollen.

5.3   Co-Fallen

Symmetrisch zu Fallen sind Stellenmengen, die keine Marke mehr erhalten können, wenn alle ihre Stellen einmal unmarkiert sind.

Definition 5.6

Jede Stellenmenge A eines Netzes mit ${}^\bullet A \subseteq A^\bullet$ heißt *Co-Falle*[2] von N.

Analog zu Proposition 5.2 haben Co-Fallen die folgende Eigenschaft:

Proposition 5.7

Sei N ein Netz, A eine Co-Falle von N und m_0 eine Markierung von N. Falls m_0 keine Stelle von A markiert und m von m_0 erreichbar ist, dann markiert auch m keine Stelle von A. $\qquad\square$

---

[2]Co-Fallen wurden in der (deutschen und englischen) Literatur zunächst *Deadlocks* genannt. Dieser Begriff ist etwas unglücklich, bezeichnet er doch üblicherweise einen Verklemmungszustand und keine Stellenmenge. Co-Fallen und Verklemmungen haben zwar gewisse Bezüge zueinander, ein identischer Name führt aber leicht zu Verwirrungen. In englischsprachigen Arbeiten hat sich der Begriff *Siphon* durchgesetzt, der mit dem gleichnamigen Soda-Spender assoziiert wird. Im Deutschen ist aber der Siphon im sanitären Bereich deutlich bekannter, und dieser verhält sich gerade wie eine Falle (ist einmal Wasser im unteren Bogen, bleibt stets Wasser darin). Aus diesem Grund soll hier wieder ein neuer Begriff eingeführt werden, der hoffentlich Fehlinterpretationen vermeidet.

Bei gegebener Anfangsmarkierung m_0 lautet das durch Co-Fallen generierte Erreichbarkeitskriterium einer Markierung m:

(F2) *Jede Co-Falle, die eine unter m markierte Stelle enthält, enthält auch eine unter der Anfangsmarkierung m_0 markierte Stelle.*

Für eine Lösung des *Widerlegungsproblems* von (F2) reicht es aus, eine Co-Falle anzugeben, die eine unter m markierte Stelle und keine unter m_0 markierte Stelle besitzt.

Aufgrund der vollständigen Symmetrie zwischen Fallen und Co-Fallen können wir das *Entscheidungsproblem* und das *Beweisproblem* von (F2) ohne weitere Begründungen auf die rationale Lösbarkeit des folgenden Ungleichungssystem zurückführen:

Lemma 5.8

Eine Stellenmenge A eines Netzes ist genau dann eine Co-Falle, wenn ein Stellenvektor $\mathbf{k} \geq 0$ mit Trägermenge A existiert, so daß für jede Transition t gilt:

$$|t^\bullet|\,\chi(^\bullet t) \cdot \mathbf{k} \geq \chi(t^\bullet) \cdot \mathbf{k}.$$

$\square$

Das Entscheidungsproblem von (F2) läßt sich auf die rationale Lösbarkeit des folgenden Ungleichungssystems zurückführen, wobei m_0 wieder die Anfangsmarkierung und m die zu untersuchende Markierung benennt:

$$\begin{aligned}
\mathbf{y} \cdot \mathbf{m}_0 &\leq 0 \\
\mathbf{y} \cdot \mathbf{m} &> 0 \\
\mathbf{y} \cdot (|^\bullet t|\,\chi(^\bullet t) - \chi(t^\bullet)) &\geq 0 \quad \text{für jede Transition } t \\
\mathbf{y} &\geq \mathbf{0}
\end{aligned}$$

Das Ungleichungssystem ist genau dann lösbar, wenn eine anfangs unmarkierte Co-Falle existiert, die unter der Markierung m markiert ist.

Der Beweis des nächsten Satzes folgt analog der Argumentation vor Satz 5.5. Durch die Vertauschung von m und m_0 fallen die letzten Transformationsschritte weg.

Satz 5.9

Sei N ein Netz mit Anfangsmarkierung m_0.

Für jede Transition t ist

$$|t^\bullet|\,\chi(^\bullet t) - \chi(t^\bullet)$$

ein Stellenvektor. Die Matrix $\mathbf{B}$ habe diese Vektoren als Spalten.

Eine Markierung m von N markiert eine von m_0 unmarkierte Co-Falle genau dann, wenn das folgende lineare Ungleichungssystem keine rationale Lösung für $\tilde{x}$ und x hat.

$$\begin{aligned}
\mathbf{m} + \mathbf{B}\cdot\tilde{\mathbf{x}} &\leq x\,\mathbf{m}_0 \\
\tilde{\mathbf{x}} &\geq \mathbf{0} \\
x &\geq 0
\end{aligned}$$

$\square$

Literaturangaben

Fallen und Co-Fallen (Deadlocks) wurden in [Comm72] eingeführt. Die Berechnung von Fallen mit Hilfe von Gleichungssystemen wurde in [Laut87b] vorgestellt. Die hier angegebene linear algebraische Charakterisierung wird in [EzCS93] beschrieben. Die Ergebnisse des zweiten Abschnittes dieses Kapitels sind weitgehend [EsMe96] entnommen.

Die Verwendung von Fallen zum Beweis von Fakten wird für netzmodellierte Protokolle und verteilte Algorithmen in [Best82], [Best95], [Walt95], [KiWa95], [Reis95] und [EsBr96] vorgeschlagen.

Kapitel 6

Ziele

Fakten spezifizieren Eigenschaften von Markierungen eines markierten Netzes, die durch das Schalten von Transitionen nicht verletzt werden; jede durch Schaltfolgen erreichte Markierung erfüllt das als Fakt angegebene Prädikat. Mit Fakten kann man dagegen nicht formulieren, daß in jeder Schaltfolge schließlich eine gewünschte Situation eintritt oder eine bestimmte Aktion geschieht. In diesem Kapitel widmen wir uns derartigen Eigenschaften, die wir *Ziele* nennen.

Wie Fakten können Ziele als Prädikate über Markierungen von Stellen beschrieben werden. Als Beispiel verwenden wir zunächst wieder den in Abbildung 1.1 modellierten Glücksspielautomaten. Anstelle der angegebenen Markierung sei aber die Markierung m mit $\mathbf{m} = (4, 1, 0)^\mathsf{T}$ Anfangsmarkierung, der Automat sei also anfangs "aktiv". Dann ist eine sinnvolle Forderung, daß der Automat schließlich das laufende Spiel mit Gewinn oder Verlust für den Spieler abschließt und wieder "bereit" wird. Mit anderen Worten: Die Stelle s3 soll markiert werden.

Dieselbe Eigenschaft soll hier mit Hilfe von Transitionen spezifiziert werden: Von der oben angegebenen Anfangsmarkierung m ausgehend wird irgendwann die Transition t2 oder die Transition t3 schalten. Formal ist ein *Ziel* durch eine Transitionsmenge Z gegeben, hier ist das die Menge $\{t2, t3\}$. Ein Ziel Z wird in einem markierten Netz erreicht, wenn folgendes gilt:

(Z1) *Eine Transition aus Z wird schalten.*

Häufig soll in einem System stets eine bestimmte Reaktion auf eine Aktion folgen. Zur Spezifikation eines derartigen Verhaltens reicht die Forderung nach einmaligem Schalten einer Transition nicht aus. So gilt im Beispiel des Glücksspielautomaten, daß stets nach dem Schalten von t1 irgendwann entweder t2 oder t3 folgt. Diese Forderung wird als ein *bedingtes Ziel* formuliert. Formal besteht ein bedingtes Ziel aus zwei Transitionsmengen Z und Z'. Es wird in einem markierten Netz erreicht, wenn folgendes gilt:

(Z2)   *Wenn eine Transition aus Z schaltet, dann wird anschließend (unmittelbar oder später) auch eine Transition aus Z' schalten.*

Wir werden im folgenden Abschnitt zunächst die Transitionen eines Netzes in *interne* und *externe* Transitionen aufteilen; externe Transitionen dürfen für immer aktiviert sein und brauchen trotzdem nicht zu schalten, während dies für interne Transitionen ausgeschlossen ist. Die darauffolgenden Abschnitte widmen sich Verifikationsverfahren für Ziele und für bedingte Ziele.

6.1   Interne und externe Transitionen

Die Verwendung von Stellen bzw. von Transitionen bei der Definition von Zielen hat jeweils Vor- und Nachteile. Ein Vorteil der Verwendung von Stellen ist die Kombinierbarkeit mit Fakten, die ja ebenfalls mittels Stellen formuliert sind. Die Verwendung von Transitionen nutzt die Dualität von Stellen und Transitionen in Petrinetzen aus. Im Zusammenhang mit linear-algebraischen Verfahren erweist sie sich als besonders praktisch. Stellenbasierte Formulierungen lassen sich meist kanonisch durch transitionsbasierte Formulierungen ersetzen. So ist zum Beispiel die Forderung, daß eine Stelle markiert wird, nur sinnvoll, wenn die Stelle nicht anfangs markiert ist. In diesem Fall ist sie gleichbedeutend mit der Forderung, daß eine der Vorbereichstransitionen der Stelle schalten wird.

Die Schaltregel für Petrinetze macht keine Aussage darüber, wann oder ob eine aktivierte Transition schließlich schaltet; auch eine permanent aktivierte Transition braucht nicht zu schalten. Bei einer generellen Passivität eines markierten Netzes werden aber Ziele grundsätzlich nicht erreicht. Deshalb benötigen wir Annahmen über das tatsächliche Schalten dauerhaft aktivierter Transitionen.

Da ein netzmodelliertes System in der Regel eingebettet ist in ein umfassenderes System, sind Informationen über Schnittstellen zur Umgebung erforderlich. So können Transitionen entweder autonome Aktionen des modellierten Systems modellieren (z.B. die Bearbeitung eines Auftrags) oder Aktionen modellieren, die nur gemeinsam mit der Umgebung stattfinden (z. B. die Eingabe von Daten). Wir unterscheiden daher *interne* und *externe* Transitionen eines Netzes. Für jede aktivierte interne Transition wird gefordert, daß sie schließlich schaltet oder durch das Schalten einer anderen Transition deaktiviert wird. Für externe Transitionen fordern wir dies nicht, denn sie hängen von zusätzlichen, nicht modellierten Vorbedingungen ab. Jede Schaltfolge, die dieser Forderung genügt, wird *vollständig* genannt. Jedes Ziel soll in allen vollständigen Schaltfolgen erreicht werden

Im Beispiel des Glücksspielautomaten braucht ein nicht aktiver Automat nicht notwendigerweise je aktiv werden, denn dieser Übergang hängt von dem externen Benutzer ab. Also ist t1 eine externe Transition, während t2 und t3 interne Transitionen sind.

Definition 6.1

Gegeben sei ein Netz N mit Anfangsmarkierung m_0 und einer ausgezeichneten Menge interner Transitionen.

Eine endliche Schaltfolge $m_0 \xrightarrow{\sigma} m$ heißt *vollständig*, wenn unter m keine interne Transition aktiviert wird.

Eine unendliche Schaltfolge heißt *vollständig*, wenn keine interne Transition nur endlich oft vorkommt, aber für fast jedes[1] Anfangsstück durch die jeweils erreichte Markierung aktiviert ist.

Jedes markierte Netz besitzt vollständige Schaltfolgen ohne externe Transitionen, da diese nicht schalten müssen. Externe Transitionen können aber in vollständigen Schaltfolgen vorkommen.

6.2   Verifikation von Zielen

Definition 6.2

Ein *Ziel* eines markierten Netzes ist eine Menge Z von Transitionen. Es wird in einer Schaltfolge *erreicht*, wenn diese wenigstens eine seiner Transitionen enthält. Es wird in dem markierten Netz *erreicht*, wenn es in jeder vollständigen Schaltfolge (bezogen auf eine gegebene Menge interner Transitionen) erreicht wird.

Jedes erreichte Ziel eines markierten Netzes enthält interne Transitionen. Nach Definition wird ein Ziel nicht erreicht, wenn eine vollständige Schaltfolge keine seiner Transitionen enthält. Wir betrachten zunächst den Fall einer endlichen derartigen Schaltfolge; diese führt zu einer Markierung, die keine interne Transition aktiviert.

Im folgenden konzentrieren wir uns auf sicher markierte Netze ohne Kantengewichte.

---

[1]jedes bis auf endlich viele

Wir verwenden die in Kapitel 4 eingeführte linear-algebraische Charakterisierung der Aktivierungsbedingung:

Eine Transition t eines sicher markierten Netzes ohne Kantengewichte ist genau dann von einer erreichbaren Markierung m aktiviert, wenn $\chi(^{\bullet}t) \cdot \mathbf{m} = |^{\bullet}t|$ gilt. Andernfalls gilt $\chi(^{\bullet}t) \cdot \mathbf{m} < |^{\bullet}t|$.

Satz 6.3

Sei N ein Netz ohne Kantengewichte mit sicherer Anfangsmarkierung m_0, sei $\{t_1, \ldots, t_i\}$ die Menge seiner internen Transitionen, und sei Z ein Ziel. Jede endliche vollständige Schaltfolge erreicht Z, wenn das folgende Ungleichungssystem keine Lösung für $\mathbf{x}$ aus $\mathbb{Z}^*$ besitzt.

$$
\begin{aligned}
\mathbf{m}_0 + \mathbf{N} \cdot \mathbf{x} &\geq \mathbf{0} \\
\mathbf{x} &\geq \mathbf{0} \\
\chi(Z) \cdot \mathbf{x} &= \mathbf{0} \\
\chi(^{\bullet}t_1) \cdot (\mathbf{m}_0 + \mathbf{N} \cdot \mathbf{x}) &< |^{\bullet}t_1| \\
&\vdots \\
\chi(^{\bullet}t_i) \cdot (\mathbf{m}_0 + \mathbf{N} \cdot \mathbf{x}) &< |^{\bullet}t_i|
\end{aligned}
$$

Beweis:

Sei $m_0 \xrightarrow{\sigma} m$ eine endliche vollständige Schaltfolge, die das Ziel Z nicht erreicht. Wir zeigen, daß der Parikh-Vektor $\vec{\sigma}$ von σ eine geeignete Lösung für $\mathbf{x}$ ist.

Die erste Ungleichung gilt wegen $\mathbf{m}_0 + \mathbf{N} \cdot \vec{\sigma} = \mathbf{m}$, die zweite wegen der Definition von $\vec{\sigma}$. Die dritte Ungleichung gilt für $\vec{\sigma}$, da σ keine Transitionen aus Z enthält. Alle weiteren Ungleichungen sind gültig, da aufgrund der Vollständigkeit von σ keine interne Transition von m aktiviert wird. $\qquad \square$

Eine weniger ausdrucksstarke hinreichende Bedingung ist die Unlösbarkeit des Ungleichungssystems über $\mathbb{Q}$. Diese Bedingung ist aber leichter zu *entscheiden*. Zudem kann mit Hilfe von Farkas Lemma (Kapitel 2) aus dem im Satz angegebenen Ungleichungssystem ein anderes Ungleichungssystem generiert werden, so daß stets genau eines der beiden Ungleichungssysteme eine Lösung über $\mathbb{Q}$ besitzt. Dies führt zu einem besonders effizienten *Beweisverfahren*: Eine jede Lösung des generierten Ungleichungssystems liefert einen Beweis der Aussage, daß alle endlichen vollständigen Schaltfolgen das Ziel erreichen.

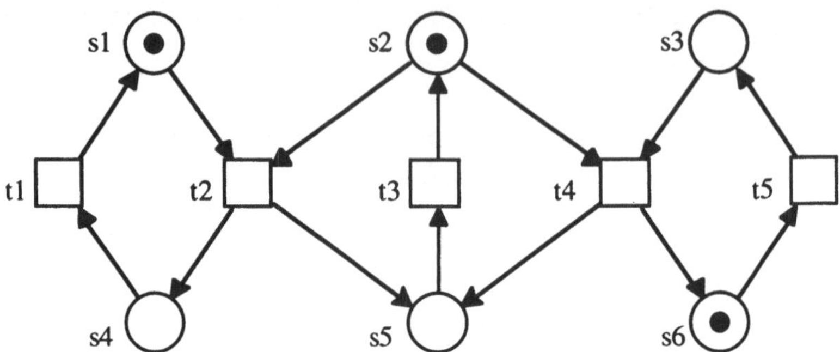

Abbildung 6.1 Ein Beispielnetz zu Zielen

Abbildung 6.1 zeigt ein sicher markiertes Netz. Angenommen, t3 ist eine externe Transition, und das betrachtete Ziel besteht aus den Transitionen t2 und t4. Endliche vollständige Schaltfolgen sind alle Schaltfolgen, die mit der Markierung $(1, 0, 1, 0, 1, 0)$ enden. Es ist leicht zu sehen, daß jede derartige Schaltfolge entweder t2 oder t4 oder auch beide Transitionen enthält. Tatsächlich existiert für dieses Beispiel keine Lösung des in Satz 6.3 angegebenen Ungleichungssystems.

Das markierte Netz hat auch unendliche Schaltfolgen. Jede unendliche Schaltfolge enthält entweder die Transitionen t1, t2 und t3 oder die Transitionen t3, t4 und t5 (oder alle Transitionen) unendlich häufig. In jedem Fall wird das Ziel $\{t2, t4\}$ erreicht. Im allgemeinen ist die Bedingung aus Satz 6.3 nicht hinreichend für das Erreichen eines Ziels in unendlichen Schaltfolgen. Für ein Gegenbeispiel verwenden wir wieder das Netz aus Abbildung 6.1, betrachten aber nun das Ziel $\{t2\}$ und die Menge externer Transitionen $\{t1\}$. Die unendliche Schaltfolge

$$\sigma = t5\, t4\, t3\, t5\, t4\, t3\, t5 \ldots$$

ist vollständig. Jede endliche vollständige Schaltfolge berücksichtigt dagegen auch t2, weil nur bei der erreichbaren Markierung $m = (0, 1, 1, 1, 0, 0)$ keine interne Transition aktiviert ist, diese Markierung aber nur durch Schalten von t4 erreicht werden kann.

Unendliche Schaltfolgen beschränkter markierter Netze erreichen notwendigerweise Markierungen mehrfach. Sie enthalten daher Teilfolgen, die eine Markierung wiederholen. Der Parikh-Vektor einer derartigen Teilfolge ist eine nichtnegative Transitionsinvariante mit nichtleerer Trägermenge.

Notation 6.4

Wir nennen nichtleere Trägermengen nichtnegativer Transitionsinvarianten *Reproduktionsmengen*.

In unserem Beispiel sind die Reproduktionsmengen $\{t1, t2, t3\}$, $\{t3, t4, t5\}$ sowie $\{t1, t2, t3, t4, t5\}$.

Lemma 6.5

Jede Transition, die in einer Schaltfolge eines beschränkt markierten Netzes unendlich oft vorkommt, liegt in einer Reproduktionsmenge, welche nur Transitionen der Schaltfolge enthält.

Beweis:

Angenommen, eine Transition t kommt unendlich oft in einer Schaltfolge vor. Da das markierte Netz beschränkt ist, sind nur endlich viele Markierungen erreichbar. Die jeweils nach dem Schalten von t erreichten Markierungen können sich also nicht alle unterscheiden; wenigstens eine dieser Markierungen kommt mehrfach vor, und die Teilfolge dazwischen enthält t. Der Parikh-Vektor dieser Schaltfolge ist eine nichtnegative Transitionsinvariante mit positivem Eintrag für t. Also liegt t in ihrer Trägermenge. Dies ist eine Reproduktionsmenge mit der angegebenen Eigenschaft. $\square$

Falls, bei beschränkter Anfangsmarkierung, alle Reproduktionsmengen Transitionen eines geforderten Ziels enthalten, dann wird das Ziel in jeder unendlichen Schaltfolge erreicht. In diesem Fall ist also für das Erreichen aller Ziele auch die Bedingung aus Satz 6.3 hinreichend. Falls aber Reproduktionsmengen ohne Transitionen des Ziels existieren, muß diese Bedingung verschärft werden. Dies geschieht in folgendem Satz. Zur Motivation sei hier die Idee der verwendeten Konstruktion angegeben.

Wir betrachten eine unendliche vollständige Schaltfolge, in der ein gegebenes Ziel nicht erreicht wird. Diese Schaltfolge durchläuft Zyklen, die keine Transitionen des Ziels enthalten. Es läßt sich zeigen, daß sie schließlich nur noch Transitionen aus Reproduktionsmengen ohne Zieltransitionen verwendet. Bezüglich des Ziels ist die unendliche Schaltfolge dann äquivalent zu einem endlichen Anfangsstück mit der Eigenschaft, daß in der Restfolge nur noch Transitionen aus Reproduktionsmengen ohne Zieltransitionen schalten. Neben externen Transitionen aktiviert die von dem Anfangsstück erreichte Markierung also derartige Transitionen. Darüber hinaus aktiviert sie möglicherweise Transitionen, die in der Restfolge nicht vorkommen, aber deaktiviert werden. Diese haben gemeinesame Vorbereichsstellen mit Transitionen aus Reproduktionsmengen ohne Zieltransitionen, stehen also in *Konflikt* mit diesen. Im Beweis von Satz 6.6 wird gezeigt, daß jede nach dem Anfangsstück aktivierte Transition zu einer dieser beiden Mengen gehört.

Im oben angegebenen Beispiel werden in der unendlichen Schaltfolge σ die Transitionen t3, t4 und t5 immer wieder aktiviert. Sie gehören zu einer Reproduktionsmenge ohne t2. Außerdem wird (bei Markierung von s2) auch die Transition t2 aktiviert, die in Konflikt mit t4 steht.

Satz 6.6

Sei N ein Netz ohne Kantengewichte, sei m_0 eine sichere Anfangsmarkierung, sei I die Menge interner Transitionen von N, und sei Z ein Ziel.

Sei U die Menge der Transitionen aus Reproduktionsmengen, die keine Transitionen aus Z enthalten, sei $U' = ({}^\bullet U)^\bullet$ (das ist die Menge der Transitionen in Konflikt mit Transitionen aus U), und sei $\{t_1, \ldots, t_i\}$ die Menge $I \setminus (U \cup U')$.

Das Ziel Z wird in dem markierten Netz erreicht, wenn das folgende Ungleichungssystem keine Lösung für $\mathbf{x}$ aus $\mathbb{Z}^*$ besitzt.

$$
\begin{aligned}
\mathbf{m}_0 + \mathbf{N} \cdot \mathbf{x} &\geq \mathbf{0} \\
\mathbf{x} &\geq \mathbf{0} \\
\chi(Z) \cdot \mathbf{x} &= 0 \\
\chi({}^\bullet t_1) \cdot (\mathbf{m}_0 + \mathbf{N} \cdot \mathbf{x}) &< |{}^\bullet t_1| \\
&\vdots \\
\chi({}^\bullet t_i) \cdot (\mathbf{m}_0 + \mathbf{N} \cdot \mathbf{x}) &< |{}^\bullet t_i|
\end{aligned}
$$

Beweis:

Angenommen, Z wird nicht erreicht. Dann existiert eine vollständige Schaltfolge σ, in der keine Transitionen aus Z vorkommen.

Fall 1: σ ist endlich. Dann besitzt wegen Satz 6.3 sogar das dort formulierte Ungleichungssystem eine Lösung. Diese Lösung ist auch eine Lösung des Ungleichungssystems der Aussage.

Fall 2: σ ist unendlich. Wir zerlegen σ in eine endliche Sequenz σ_1 und eine unendliche Sequenz σ_2 derart, daß jede in σ_2 vorkommende Transition unendlich oft in σ_2 vorkommt. Sei m die nach σ_1 erreichte Markierung.

Wir behaupten, daß der Parikh-Vektor von σ_1 ein geeigneter Lösungsvektor ist. Die ersten drei Ungleichungen werden von diesem Vektor offensichtlich erfüllt. Für die verbleibenden Ungleichungen ist zu zeigen, daß die erreichte Markierung m keine der Transitionen aus der Menge $\{t_1, \ldots, t_i\}$ aktiviert.

Sei t eine unter m aktivierte Transition. Wir zeigen, daß t nicht in der Menge $\{t_1, \ldots, t_i\}$ liegt.

Aufgrund der Vollständigkeit von σ ist t entweder

- (α) extern und braucht nicht zu schalten, oder

- (β) intern und kommt unendlich häufig in σ vor, oder

- (γ) intern und wird nicht für fast jedes Anfangsstück durch die jeweils erreichte Markierung aktiviert.

Im Fall (α) gilt $t \notin I$ und folglich $t \notin \{t_1, \ldots, t_i\}$.

Im Fall (β) kommt t auch in σ_2 unendlich oft vor. Wegen Lemma 6.5 liegt t dann in einer Reproduktionsmenge. Diese enthält keine Transitionen aus Z, weil σ keine Transitionen aus Z enthält. Also liegt t dann in U, aber nicht in $I \setminus (U \cup U')$.

Wir betrachten schließlich den Fall (γ) und nehmen an, daß der Fall (β) nicht zugleich gegeben ist. Dann kommt t nicht in σ_2 vor. Die Sequenz σ_2 enthält daher eine andere Transition t', deren Schalten die Deaktivierung von t bewirkt. Die Transitionen t und t' haben deshalb eine gemeinsame Vorbereichsstelle. Wie alle Transitionen aus σ_2 kommt die Transition t' unendlich oft in σ_2 vor. Also liegt sie wegen Lemma 6.5 in einer Reproduktionsmenge, die keine Transitionen aus Z enthält und damit in der Menge U liegt. Aus der Definition von U folgt, daß t dann in U' liegt. $\qquad\square$

Im Beispiel gilt $U = \{\mathsf{t3}, \mathsf{t4}, \mathsf{t5}\}$ und $U' = \{\mathsf{t2}, \mathsf{t3}, \mathsf{t4}, \mathsf{t5}\}$. Im allgemeinen ist U aber nicht notwendigerweise eine Teilmenge von U'.

Um Satz 6.6 und die folgende Ergebnisse in effizienten Algorithmen nutzen zu können, muß zunächst die Menge U berechnet werden. Die Zugehörigkeit einer Transition zu dieser Menge ist wie in der folgenden Proposition angegeben effizient entscheidbar. Zur Konstruktion von U wird dieser Test für alle Transitionen durchgeführt.

Proposition 6.7

Eine Transition t eines Netzes N gehört genau dann zu einer Reproduktionsmenge, die keine Transition aus Z enthält, wenn das folgende Ungleichungssystem über $\mathbb{Q}$ lösbar ist:

$$
\begin{array}{rcll}
\mathbf{N} \cdot \mathbf{x} & = & \mathbf{0} & \textit{Die Trägermenge von } x \textit{ ist eine} \\
\mathbf{x} & \geq & \mathbf{0} & \textit{nichtnegative Transitionsinvariante} \\
\chi(Z) \cdot \mathbf{x} & = & 0 & \textit{ohne Transitionen aus } Z, \\
\chi(\{t\}) \cdot \mathbf{x} & > & 0 & \textit{die } t \textit{ enthält.}
\end{array}
$$

$\qquad\square$

Das Beispiel aus Abbildung 6.1 zeigt auch, daß das Fehlen einer Transition in einer Reproduktionsmenge nicht dazu führen muß, daß diese Transition allein kein Ziel darstellt. Die Transition t5 liegt nicht in der Reproduktionsmenge $\{t1, t2, t3\}$, das Ziel $\{t5\}$ wird aber erreicht, wenn t5 nicht extern ist.

6.3   Verifikation bedingter Ziele

Das Beispiel aus Abbildung 6.1 mit externer Transition t3 und Ziel $\{t2, t4\}$ läßt sich interpretieren als Automat, der nach Einwurf einer Münze (Transition t3) entweder die Ware a (Transition t2) oder die Ware b (Transition t4) ausgibt. Nach Ausgabe einer Ware muß das entsprechende Ausgabefach nachgefüllt werden (Transition t1 bzw. t5).

Statt des einmaligen Erreichens des Ziels $\{t2, t4\}$ soll bei diesem Automatenmodell nach jedem Schalten von t3 schließlich t2 oder t4 schalten. Diese Forderung läßt sich als ein *bedingtes Ziel* formulieren.

Definition 6.8

> Ein *bedingtes Ziel* ist gegeben durch zwei Transitionsmengen Z und Z'. Es wird in einer Schaltfolge *erreicht*, wenn nach jeder Transition aus Z in der Schaltfolge (unmittelbar oder später) eine Transition aus Z' folgt. Es wird in einem markierten Netz *erreicht*, wenn es von jeder vollständigen Schaltfolge (bezogen auf eine gegebene Menge interner Transitionen) erreicht wird.

In unserem Beispielnetz aus Abbildung 6.1 wird das durch $Z = \{t3\}$ und $Z' = \{t2, t4\}$ gegebene bedingte Ziel erreicht.

Sei im allgemeinen ein bedingtes Ziel durch die Mengen Z und Z' gegeben. Falls in einer endlichen vollständigen Schaltfolge keine Transitionen aus Z vorkommen, dann wird das bedingte Ziel trivialerweise erreicht. Andernfalls muß zur Erreichung des bedingten Ziels auch eine Transition aus Z' in der Schaltfolge vorkommen, und zwar muß eine Z'-Transition *nach* der Z-Transition schalten.

Es ist nicht leicht, diese Bedingung linear-algebraisch zu formulieren. Im folgenden betrachten wir einen häufigen Spezialfall: Transitionen aus Z und aus Z' kommen stets abwechselnd vor, beginnend mit einer Z-Transition. Dann kommen in keiner (nicht notwendigerweise vollständigen) endlichen Schaltfolge mehr Z'-Transitionen als Z-Transitionen vor, und in vollständigen endlichen Schaltfolgen kommen Transitionen aus beiden Mengen gleich häufig vor.

Dieser Spezialfall ist auch in dem oben angegebenen Beispiel mit $Z = \{t3\}$ und $Z' = \{t2, t4\}$ gegeben.

Satz 6.9

Sei N ein Netz ohne Kantengewichte mit sicherer Anfangsmarkierung m_0, und sei $\{t_1, \ldots, t_i\}$ die Menge seiner internen Transitionen. Durch die Mengen Z und Z' sei ein bedingtes Ziel gegeben.

Jede endliche vollständige Schaltfolge erreicht das bedingte Ziel, wenn die beiden folgenden Ungleichungssysteme jeweils keine Lösung für $\mathbf{x}$ bzw. für $\mathbf{y}$ aus $\mathbb{Z}^*$ besitzen.

$$
\begin{aligned}
\mathbf{m}_0 + \mathbf{N} \cdot \mathbf{x} &\geq \mathbf{0} \\
\mathbf{x} &\geq \mathbf{0} \\
\chi(Z) \cdot \mathbf{x} &> \chi(Z') \cdot \mathbf{x} \\
\chi(^\bullet t_1) \cdot (\mathbf{m}_0 + \mathbf{N} \cdot \mathbf{x}) &< |^\bullet t_1| \\
&\vdots \\
\chi(^\bullet t_i) \cdot (\mathbf{m}_0 + \mathbf{N} \cdot \mathbf{x}) &< |^\bullet t_i|
\end{aligned}
$$

$$
\begin{aligned}
\mathbf{m}_0 + \mathbf{N} \cdot \mathbf{y} &\geq \mathbf{0} \\
\mathbf{y} &\geq \mathbf{0} \\
\chi(Z) \cdot \mathbf{y} &< \chi(Z') \cdot \mathbf{y}
\end{aligned}
$$

Beweis:

Sei $m_0 \overset{\sigma}{\longrightarrow} m$ eine endliche vollständige Schaltfolge, die das bedingte Ziel nicht erreicht. Dann enthält σ eine Transition aus Z und keine folgende Transition aus Z'. Wir zeigen, daß wenigstens eines der Ungleichungssysteme lösbar ist.

Fall 1: In einem Anfangsstück σ' von σ kommen mehr Transitionen aus Z' vor als Transitionen aus Z. Dann ist der Parikh-Vektor von σ' eine geeignete Lösung für $\mathbf{y}$.

Fall 2: In keinem Anfangsstück von σ kommen mehr Transitionen aus Z' vor als Transitionen aus Z. Dies gilt dann insbesondere für das Anfangsstück σ', das bis vor die letzte Transition aus Z in σ reicht. Da das bedingte Ziel nicht erreicht wird, folgt keine Transition aus Z'. Also ist in σ die Anzahl der Vorkommen von Transitionen aus Z um eins größer als die Anzahl der Vorkommen von Transitionen aus Z'.

Der Parikh-Vektor von σ ist eine geeignete Lösung für $\mathbf{x}$: Die ersten beiden Ungleichungen gelten offensichtlich, die dritte Ungleichung haben wir soeben begründet. Die verbleibenden Ungleichungen folgen aus der Vollständigkeit von σ. $\qquad\square$

Wenn auch unendliche Schaltfolgen existieren, dann müssen wieder Reproduktionsmengen betrachtet werden. Der folgende Satz stellt gewissermaßen die Kombination der vorigen beiden Sätze dar.

Satz 6.10

Sei N ein Netz ohne Kantengewichte, sei m_0 eine sichere Anfangsmarkierung, sei I die Menge interner Transitionen, und sei ein bedingtes Ziel durch die Mengen Z und Z' gegeben.

Sei U die Menge der Transitionen aus Reproduktionsmengen, die keine Transitionen aus Z' enthalten. Sei $U' = ({}^\bullet U)^\bullet$, und sei $\{t_1,\ldots,t_i\}$ die Menge $I \setminus (U \cup U')$.

Das bedingte Ziel wird erreicht, wenn die beiden folgenden Ungleichungssysteme jeweils keine Lösung für $\mathbf{x}$ bzw. für $\mathbf{y}$ aus $\mathbb{Z}^*$ besitzen.

$$
\begin{aligned}
\mathbf{m}_0 + \mathbf{N} \cdot \mathbf{x} &\geq \mathbf{0} \\
\mathbf{x} &\geq \mathbf{0} \\
\chi(Z) \cdot \mathbf{x} &> \chi(Z') \cdot \mathbf{x} \\
\chi({}^\bullet t_1) \cdot (\mathbf{m}_0 + \mathbf{N} \cdot \mathbf{x}) &< |{}^\bullet t_1| \\
&\vdots \\
\chi({}^\bullet t_i) \cdot (\mathbf{m}_0 + \mathbf{N} \cdot \mathbf{x}) &< |{}^\bullet t_i|
\end{aligned}
$$

$$
\begin{aligned}
\mathbf{m}_0 + \mathbf{N} \cdot \mathbf{y} &\geq \mathbf{0} \\
\mathbf{y} &\geq \mathbf{0} \\
\chi(Z) \cdot \mathbf{y} &< \chi(Z') \cdot \mathbf{y}
\end{aligned}
$$

Beweis:

Sei σ eine vollständige Schaltfolge, in der das bedingte Ziel nicht erreicht wird. Falls σ endlich ist, folgt die Aussage direkt aus Satz 6.9. Wir nehmen im folgenden an, daß σ unendlich ist. Transitionen aus Z' kommen nur endlich oft in σ vor, weil das bedingte Ziel nicht erreicht wird.

Wir zeigen, daß wenigstens eines der Ungleichungssysteme lösbar ist.

Fall 1: In einem Anfangsstück σ' von σ kommen mehr Transitionen aus Z' vor als Transitionen aus Z. Dann ist der Parikh-Vektor von σ' eine geeignete Lösung für $\mathbf{y}$.

Fall 2: In keinem Anfangsstück von σ kommen mehr Transitionen aus Z' vor als Transitionen aus Z. Dies gilt dann insbesondere für das Anfangsstück, das bis zur letzten Transition aus Z' reicht. Anschließend kommt noch wenigstens eine Transition aus Z vor, weil das bedingte Ziel ja nicht erreicht wird. Das

Anfangsstück σ' bis zu dieser Transition (einschließlich) enthält mehr Transitionen aus Z als aus Z', d.h. $\chi(Z) \cdot \vec{\sigma} > \chi(Z') \cdot \vec{\sigma}$.

Wenn wir die Markierung m, die durch σ' erreicht wird, als Anfangsmarkierung interpretieren, wird in diesem markierten Netz das (unbedingte) Ziel Z' nicht erreicht; der Rest der Schaltfolge σ liefert ein Gegenbeispiel. Wegen Satz 6.6 existiert ein Vektor $\mathbf{a}$, der folgende Ungleichungen erfüllt:

$$
\begin{aligned}
\mathbf{m} + \mathbf{N} \cdot \mathbf{a} &\geq \mathbf{0} \\
\mathbf{a} &\geq \mathbf{0} \\
\chi(Z') \cdot \mathbf{a} &= 0 \\
\chi({}^\bullet t_1) \cdot (\mathbf{m} + \mathbf{N} \cdot \mathbf{a}) &< |{}^\bullet t_1| \\
&\vdots \\
\chi({}^\bullet t_i) \cdot (\mathbf{m} + \mathbf{N} \cdot \mathbf{a}) &< |{}^\bullet t_i|
\end{aligned}
$$

Der Vektor $\mathbf{a} + \vec{\sigma'}$ ist eine Lösung für $\mathbf{x}$ des ersten Ungleichungssystems der Aussage: Die zweite Ungleichung folgt unmittelbar aus der Definition. Die dritte Ungleichung folgt wegen $\chi(Z') \cdot \mathbf{a} = \mathbf{0}$ und $\chi(Z) \cdot \vec{\sigma'} > \chi(Z') \cdot \vec{\sigma'}$. Alle anderen Ungleichungen folgen wegen

$$
\mathbf{m}_0 + \mathbf{N} \cdot (\mathbf{a} + \vec{\sigma'}) = \mathbf{m} + \mathbf{N} \cdot \mathbf{a}.
$$

$\square$

Wie schon nach Satz 6.3 diskutiert, können auch die anderen Sätze dieses Kapitels durch Forderungen nach Unlösbarkeit über $\mathcal{Q}$ abgeschwächt werden. So wird der Einsatz effizienter Verfahren möglich, und mittels Farkas Lemma lassen sich effiziente Beweisverfahren konstruieren.

Literaturangaben

Die Ergebnisse dieses Kapitels sind bislang unveröffentlicht. Bedingte Ziele haben einige Parallelen zu Synchronieabständen, die in Kapitel 8 angesprochen werden. Die Verwendung von Transitionsinvarianten für die Verifikation bedingter Ziele ist von entsprechenden Techniken bei Synchronieabständen inspiriert. Auch mit Hilfe von Transitionsinvarianten wird in [EsBr96] und [Best95]eine zielartige Eigenschaft eines verteilten Algorithmus bewiesen. Für Free-Choice-Netze zeigt [ThVo84] den Zusammenhang zwischen Zielen und Transitionsinvarianten, der auch in [DeEs95] nachgelesen werden kann,.

In [Walt95] und [Reis95] werden Annahmen zum Schalten von Transitionen mit Hilfe von Halbordnungen definiert. Diese Annahmen entsprechen annähernd den Forderungen nach Vollständigkeit, sie unterscheiden sich aber bei *Schlingen* (eine Schlinge besteht aus einer Stelle und einer Transition, die gegenseitig durch Kanten verbunden sind). Externe Transitionen werden in diesen Publikationen auch *weak transitions* bzw. *quiescent transitions* genannt.

Kapitel 7

Die Rangbedingungen

Die Rangbedingungen liefern ein hinreichendes Kriterium und ein notwendiges Kriterium für die Lebendigkeit einer Markierung eines beliebigen Petrinetzes. Sie machen deutlich, daß Lebendigkeit wesentlich von der Struktur des Netzes abhängt und nicht nur von der Verteilung der Marken auf seine Stellen. Insbesondere stellen sie Beziehungen her zwischen der dynamischen Eigenschaft eines Netzes, lebendig markierbar zu sein, und dem Rang seiner Inzidenzmatrix. Dieser Zusammenhang mag zunächst überraschen, da der Rang der Inzidenzmatrix keine offensichtliche Interpretation im Netz besitzt. Außerdem ist der Rang invariant gegen die Addition von Zeilen und Spalten sowie Multiplikation mit Skalaren. Die entsprechenden Operationen im Netz stellen aber erhebliche Veränderungen der Struktur dar, durch die Eigenschaften wie Lebendigkeit einer Markierung i.a. nicht respektiert werden.

Wir haben in Kapitel 2 gezeigt, daß jedes lebendig und beschränkt markierbare Netz eine positive Transitionsinvariante besitzt (Satz 2.30). Der Spaltenrang der Inzidenzmatrix kann deshalb für derartige Netze nicht maximal sein; er beträgt höchstens $|T| - 1$, wenn T die Menge der Transitionen des Netzes ist. Transitionsinvarianten hängen eng zusammen mit Schaltfolgen, die Markierungen reproduzieren. Wenn ein Netz nur eine Transitionsinvariante (und ihre Vielfache) besitzt, dann ist die relative Häufigkeit der Transitionen in reproduzierenden Schaltfolgen stark eingeschränkt. Insbesondere kann es keine immer wiederkehrenden Alternativen (Konflikte) zwischen zwei Transitionen t_1 und t_2 geben, in denen entweder t_1 häufiger als t_2 oder t_2 häufiger als t_1 ausgewählt wird. Falls ein derartiger Konflikt existiert, gibt es zwei nichtnegative Transitionsinvarianten $\mathbf{j}_1$ und $\mathbf{j}_2$ derart, daß

$$\mathbf{j}_1(t_1) > \mathbf{j}_1(t_2) > 0 \quad \text{und} \quad 0 < \mathbf{j}_2(t_1) < \mathbf{j}_2(t_2).$$

Der Rang der Inzidenzmatrix beträgt dann höchstens $|T| - 2$.

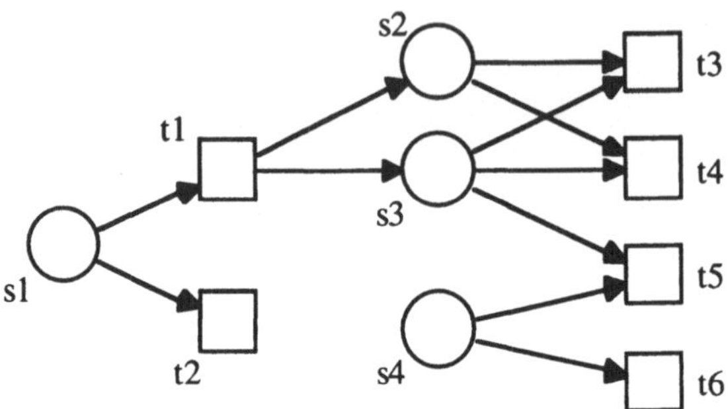

Abbildung 7.1 Ein Netz mit zwei Konfliktbereichen und vier Vorbereichen

Diese Überlegungen sollen deutlich machen, daß ein Zusammenhang zwischen
dem Rang der Inzidenzmatrix eines Netzes und der Anzahl seiner möglicher
Konfliktsituationen besteht. Die Rangbedingungen formulieren derartige Beziehungen.

Wir beschränken uns in diesem Kapitel auf Netze ohne Kantengewichte, nehmen also das Kantengewicht eins für alle Kanten an. Bei derartigen Netzen
tritt ein *Konflikt* zwischen zwei aktivierten Transitionen auf, wenn sie eine
gemeinsame einfach markierte Vorbereichsstelle besitzen. Wir nennen zwei
verschiedene Transitionen in *potentiellem Konflikt*, wenn ihre Vorbereiche wenigstens eine gemeinsame Stelle enthalten. Der *Konfliktbereich* einer Transition t ist die minimale Menge von Transitionen, die t enthält und zu je zwei
in potentiellem Konflikt stehenden Transitionen entweder beide oder keine
enthält. Im Beispiel aus Abbildung 7.1 gibt es die Konfliktbereiche $\{t_1, t_2\}$
und $\{t_3, t_4, t_5, t_6\}$. In der *hinreichenden Rangbedingung* wird unter anderem
verlangt, daß der Rang der Inzidenzmatrix kleiner ist als die Anzahl der Konfliktbereiche des Netzes.

Eine weitere Beschränkung der hier betrachteten Netze betrifft Transitionen
mit leerem Vorbereich. Wir werden im folgenden Netze mit derartigen Transitionen ausschließen. Zwei verschiedene Transitionen sind dann in *unabhängigem Konflikt*, wenn ihre Vorbereiche identisch sind. Wann immer eine Transition aktiviert ist, ist jede zu ihr in unabhängigem Konflikt stehende Transition
ebenfalls aktiviert. Diese Relation ist eine Äquivalenzrelation, die Anzahl ihrer Äquivalenzklassen entspricht der Anzahl unterschiedlicher Vorbereiche von
Transitionen. Im Beispiel aus Abbildung 7.1 sind die Mengen $\{s1\}$, $\{s2, s3\}$,
$\{s3, s4\}$ und $\{s4\}$ Vorbereiche von Transitionen. Die *notwendige Rangbedingung* fordert unter anderem, daß der Rang der Inzidenzmatrix wenigstens der
Anzahl der Vorbereiche von Transitionen, reduziert um eins, entspricht.

Im ersten Abschnitt dieses Kapitels führen wir *starke Schaltfolgen* ein. Diese technische Notation wird für den Beweis der hinreichenden Rangbedingung benötigt. Starke Schaltfolgen haben eine verschärfte Aktivierungsbedingung der Schaltregel. Stark lebendige Markierungen basieren im Gegensatz zu lebendigen Markierungen auf starken Schaltfolgen anstatt auf beliebigen Schaltfolgen. Der zweite Abschnitt dieses Kapitels behandelt die hinreichende Rangbedingung. Während diese Bedingung für die Lebendigkeit einer Markierung hinreichend ist, ist sie hinreichend und notwendig für starke Lebendigkeit, wie der dritte Abschnitt zeigt. Im vierten Abschnitt beweisen wir die notwendige Rangbedingung. Zusätzlich zu der durch die notwendige Rangbedingung gegebenen oberen Schranke für den Rang der Inzidenzmatrix geben wir eine untere Schranke an.

7.1 Starke Schaltfolgen und stark lebendige Markierungen

Wir konzentrieren uns in diesem Kapitel auf Netze, die eine positive Stelleninvariante und eine positive Transitionsinvariante besitzen. Die Existenz einer positiven Stelleninvariante impliziert, daß jede Markierung beschränkt ist, wie wir in Kapitel 2 gezeigt haben (Korollar 2.24). Falls ein Netz mit positiver Stelleninvariante lebendig markierbar ist, besitzt es sogar eine lebendige und beschränkte Markierung. Wegen Satz 2.30 existiert in diesem Fall eine positive Transitionsinvariante. Außerdem ist jedes Netz mit positiver Stelleninvariante und positiver Transitionsinvariante stark zusammenhängend (Satz 2.31), was für jedes lebendig und beschränkt markierte Netz ebenfalls gilt.

In diesem und dem folgenden Abschnitt geben wir eine hinreichende Bedingung dafür an, daß ein Netz mit positiver Stellen- und Transitionsinvariante lebendig markiert ist:

Falls der Rang der Inzidenzmatrix kleiner ist als die Anzahl der Konfliktbereiche, dann besitzt das Netz eine lebendige Markierung.

Bevor diese Aussage bewiesen wird, soll sie an einem Beispiel verdeutlicht werden. Wir betrachten dazu das Netz aus Abbildung 7.2[1].

---

[1]Dieses Netz beschreibt das berühmte Beispiel der fünf Philosophen, die rund um einen Tisch jeweils abwechselnd denken und essen, wobei zwei benachbarte Philosophen niemals gemeinsam essen. Das Beispiel stammt von E.W.Disjkstra, ein Petrinetz-Modell wird in [Reis86] beschrieben.

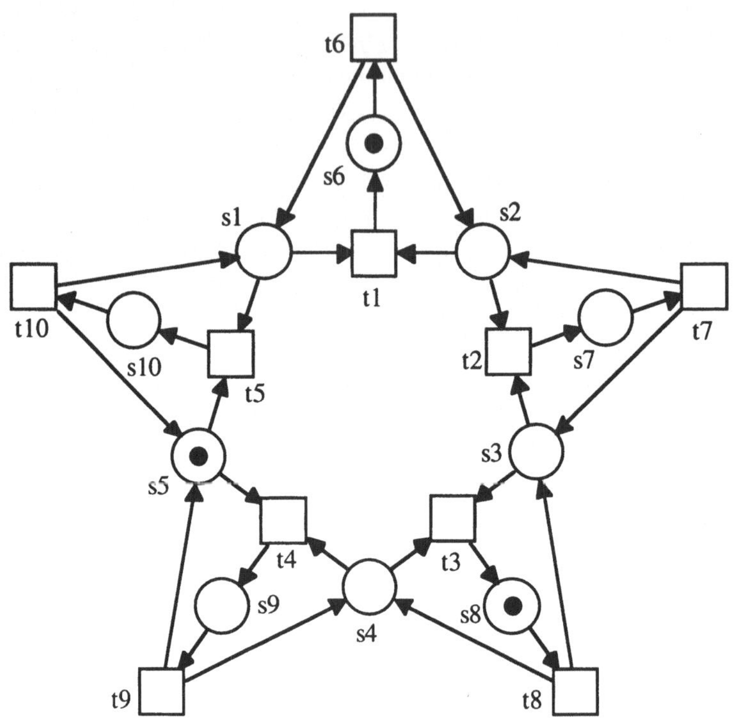

	t1	t2	t3	t4	t5	t6	t7	t8	t9	t10
s1	−1	0	0	0	−1	1	0	0	0	1
s2	−1	−1	0	0	0	1	1	0	0	0
s3	0	−1	−1	0	0	0	1	1	0	0
s4	0	0	−1	−1	0	0	0	1	1	0
s5	0	0	0	−1	−1	0	0	0	1	1
s6	1	0	0	0	0	−1	0	0	0	0
s7	0	1	0	0	0	0	−1	0	0	0
s8	0	0	1	0	0	0	0	−1	0	0
s9	0	0	0	1	0	0	0	0	−1	0
s10	0	0	0	0	1	0	0	0	0	−1

Abbildung 7.2 Ein Beispielnetz (5 Philosophen) mit Inzidenzmatrix

Das Netz hat die positive Stelleninvariante

$$(1, 1, 1, 1, 1, 2, 2, 2, 2, 2)$$

und die positive Transitionsinvariante

$$(1, 1, 1, 1, 1, 1, 1, 1, 1, 1)^\mathsf{T}.$$

Der Rang der Inzidenzmatrix ist fünf; z.B. ist die Menge der Vektoren

$$\{\mathbf{t1}, \mathbf{t2}, \mathbf{t3}, \mathbf{t4}, \mathbf{t5}\}$$

eine Basis der Spalten der Inzidenzmatrix.

Die Konfliktbereiche des Netzes sind

$$\{\mathbf{t1}, \mathbf{t2}, \mathbf{t3}, \mathbf{t4}, \mathbf{t5}\}, \{\mathbf{t6}\}, \{\mathbf{t7}\}, \{\mathbf{t8}\}, \{\mathbf{t9}\}, \{\mathbf{t10}\}.$$

Es gibt also sechs Konfliktbereiche, die Voraussetzung der Aussage ist damit erfüllt. Die Aussage besagt nun, daß das Netz lebendig markiert werden kann. Tatsächlich ist z.B. jede Markierung, die die Stellen $\mathbf{s1}$ bis $\mathbf{s5}$ markiert, lebendig.

Zwei Transitionen können nur dann in einem Konflikt stehen, wenn sie wenigstens eine gemeinsame Vorbereichsstelle besitzen. Umgekehrt ist eine gemeinsame Vorbereichsstelle keine Garantie dafür, daß die Transitionen jemals in Konflikt stehen werden. Wenn die Transitionen nicht gemeinsam aktiviert werden, kann die zuerst aktivierte schalten, bevor die andere Transition aktiviert wird; ein Konflikt hat dann nie vorgelegen. Derartige Konfusionssituationen werden semantisch vermieden, wenn die Aktivierungsbedingung der Schaltregel wie folgt modifiziert wird:

Eine Transition darf erst schalten, wenn alle Transitionen aus ihrem Konfliktbereich ebenfalls aktiviert sind, wenn also die Stellen im Vorbereich aller Transitionen des Konfliktbereichs markiert sind.

Wir nennen in diesem Fall die Transition *stark aktiviert*. Diese verschärfte Aktivierungsregel schränkt das Verhalten eines Systems ein. Wenn in einem markierten Netz auch unter diesem eingeschränkten Verhalten keine Transition je vom Verhalten ausgeschlossen werden kann, nennen wir die Anfangsmarkierung *stark lebendig*.

Definition 7.1

Die Menge der *Konfliktbereiche* eines Netzes ohne Kantengewichte bildet die feinste Partition der Menge aller Transitionen mit der Eigenschaft, daß Transitionen mit gemeinsamer Vorbereichsstelle in demselben Konfliktbereich liegen.

Eine Transition ist unter einer Markierung *stark aktiviert*, wenn die Markierung jede Vorbereichsstelle des Konfliktbereiches der Transition markiert.

Eine endliche Schaltfolge $m_0 \overset{\sigma}{\longrightarrow} m_n$ heißt *starke* Schaltfolge, wenn, mit $\sigma = t_1 \ldots t_n$ und

$$m_0 \overset{t_1}{\longrightarrow} m_1 \overset{t_2}{\longrightarrow} \cdots \overset{t_n}{\longrightarrow} m_n,$$

jede Markierung m_{i-1} die Transition t_i stark aktiviert ($1 \leq i \leq n$).

Eine Markierung m heißt von einer Markierung m_0 *stark erreichbar*, wenn eine starke Schaltfolge $m_0 \overset{\sigma}{\longrightarrow} m$ existiert.

Eine Markierung m_0 heißt *stark lebendig*, wenn zu jeder von m_0 (nicht notwendigerweise stark) erreichbaren Markierung m und zu jeder Transition t eine starke Schaltfolge $m \overset{\sigma}{\longrightarrow} m'$ existiert, in der t vorkommt.

Eine aktivierte Transition ist nicht notwendigerweise stark aktiviert. So ist es möglich, daß unter einer Markierung einige Transitionen eines Konfliktbereiches aktiviert und andere Transitionen desselben Konfliktbereiches nicht aktiviert sind. In unserem Beispiel aus Abbildung 7.1 aktiviert zum Beispiel eine Markierung, die nur die Stellen s1, s2 und s3 markiert, die Transitionen t1 und t2, während die anderen drei Transitionen dieses Konfliktbereiches nicht aktiviert sind.

Proposition 7.2

   (1) *Jede unter einer Markierung stark aktivierte Transition ist aktiviert.*

   (2) *Jede starke Schaltfolge ist eine Schaltfolge.*

   (3) *Jede stark lebendige Markierung ist lebendig.*

Beweis:

(1) folgt unmittelbar aus der Definition, weil der Vorbereich des Konfliktbereiches einer Transition den Vorbereich der Transition umfaßt.

(2) folgt unmittelbar aus (1).

(3) folgt aus (2), weil m in der Definition von starker Lebendigkeit eine beliebige erreichbare Markierung ist. $\square$

7.2 Eine hinreichende Bedingung für die Existenz stark lebendiger Markierungen

Der Beweis der hinreichenden Rangbedingung verteilt sich auf einige Schritte, die hier zunächst skizziert werden sollen.

Sei N ein Netz ohne Kantengewichte mit positiver Stelleninvariante und positiver Transitionsinvariante. Wir zeigen die Kontraposition der zu zeigenden Aussage: Falls keine Markierung von N lebendig ist, dann entspricht der Rang von $\mathbf{N}$ mindestens der Anzahl der Konfliktbereiche von N.

(A1) *N hat keine lebendige Markierung.*

Aus (A1) und Proposition 7.2(3) folgt:

(A2) *N hat keine stark lebendige Markierung.*

Lemma 7.3 besagt, daß jede Markierung entweder stark lebendig ist oder eine Folgemarkierung hat, die keine Transition stark aktiviert. Zusammen mit (A2) impliziert dies:

(A3) *Für jede Anfangsmarkierung von N ist eine Markierung erreichbar, die keine Transition von N stark aktiviert.*

Wir wenden (A3) an auf die Markierung, die jede Stelle von N einfach markiert. Lemma 7.4 zeigt dann:

(A4) *Es existiert eine Menge von Transitionen $\{t_1, \ldots, t_n\}$ von N, die aus jedem Konfliktbereich genau eine Transition enthält, und es existiert ein Stellenvektor $\mathbf{x}$ derart, daß $\mathbf{x} \cdot \mathbf{t}_i < 0$ für $1 \leq i \leq n$ gilt.*

Nun kann Variante 1 von Farkas Lemma auf die Matrix $\mathbf{A} = [\mathbf{t}_1 \ldots \mathbf{t}_n]^\mathsf{T}$ angewandt werden, und wir erhalten:

(A5) *Jede Lösung von $[\mathbf{t}_1 \ldots \mathbf{t}_n] \cdot \mathbf{y} = 0$, $\mathbf{y} \geq \mathbf{0}$ erfüllt $\mathbf{y} = \mathbf{0}$.*

Lemma 7.5 zeigt, zusammen mit (A5):

(A6) *Die Menge $\{\mathbf{t}_1, \ldots, \mathbf{t}_n\}$ ist linear unabhängig.*

Dies impliziert schließlich unmittelbar die gesuchte Aussage:

(A7) *Der Rang von $\mathbf{N}$ entspricht wenigstens der Anzahl der Konfliktbereiche von N.*

Es folgen die Beweise der Lemmata 7.3, 7.4 und 7.5.

Lemma 7.3

Sei N ein Netz ohne Kantengewichte mit einer positiven Stelleninvariante und mit einer positiven Transitionsinvariante. Sei m_0 eine Anfangsmarkierung von N.

Entweder ist m_0 stark lebendig, oder es existiert eine von m_0 erreichbare Markierung m, die keine Transition stark aktiviert.

Beweis:

Angenommen, m_0 ist nicht stark lebendig. Dann existiert eine erreichbare Markierung m und eine Transition t derart, daß m keine starke Schaltfolge aktiviert, die t enthält. Wir nennen dann t *ausgeschlossen* unter m. Jede unter einer Markierung ausgeschlossene Transition ist auch unter allen von dieser Markierung stark erreichbaren Markierungen ausgeschlossen (dies gilt nicht für beliebig erreichbare Markierungen). Sei o.B.d.A. die Markierung m derart gewählt, daß eine maximale Menge von Transitionen unter ihr ausgeschlossen ist, das heißt keine von m stark erreichbare Markierung schließt mehr Transitionen aus als m.

Die starke Schaltregel impliziert, daß zu jeder unter m ausgeschlossenen Transition alle Transitionen aus ihrem Konfliktbereich ebenfalls ausgeschlossen sind. Sei K ein Konfliktbereich, dessen Transitionen unter der Markierung m ausgeschlossen sind. Definiere $R = {}^\bullet K$. Das Netz N ist stark zusammenhängend, weil es eine positive Stelleninvariante und eine positive Transitionsinvariante besitzt (Satz 2.31). Folglich gilt $R \neq \emptyset$. Da K ein Konfliktbereich ist, gilt $K = R^\bullet$. Also enthält keine von m aktivierte starke Schaltfolge Transitionen aus $R^\bullet$. Die Anzahl der Marken auf Stellen von R kann nicht beliebig wachsen, da N eine positive Stelleninvariante besitzt und m_0 deshalb beschränkt ist. Somit können Transitionen aus ${}^\bullet R$ auch nur endlich häufig in von m aktivierten starken Schaltfolgen vorkommen. Es existiert also eine von m stark erreichbare Markierung, unter der neben allen Transitionen aus $R^\bullet$ auch alle Transitionen aus ${}^\bullet R$ ausgeschlossen sind. Aufgrund der Maximalitätsforderung bei der Wahl von m gilt dasselbe schon für m; alle Transitionen aus ${}^\bullet R$ sind also unter m ausgeschlossen.

Insbesondere sind zu jeder unter m ausgeschlossenen Transition u alle Transitionen in ${}^\bullet({}^\bullet u)$ ebenfalls ausgeschlossen, da ${}^\bullet u$ Teilmenge des Vorbereichs des Konfliktbereiches von u ist. Da außerdem wenigstens eine unter m ausgeschlossene Transition, nämlich t, existiert, und N stark zusammenhängt, sind alle Transitionen unter m ausgeschlossen. In anderen Worten: Keine Transition wird von m stark aktiviert. $\square$

Lemma 7.4

> *Sei N ein Netz ohne Kantengewichte, und sei m_0 die Markierung von N, die jede Stelle einfach markiert. Sei $m_0 \xrightarrow{\sigma} m$ eine Schaltfolge derart, daß m keine Transition von N stark aktiviert.*
>
> *Für jede Teilmenge von Konfliktbereichen $\{K_1, \ldots, K_k\}$ von N existieren Transitionen $t_1 \in K_1, \ldots, t_k \in K_k$ und ein Stellenvektor $\mathbf{x} \in \mathbb{N}^*$ so daß $\mathbf{x} \cdot \mathbf{t}_i < 0$ gilt für alle i mit $1 \leq i \leq k$.*

Beweis:

Wir führen Induktion über k, die Anzahl der betrachteten Konfliktbereiche.

Basis. Für $k = 0$ gilt die Aussage trivialerweise.

Schritt. $k \geq 1$.

Definiere $K = K_1 \cup \cdots \cup K_k$. Mit R sei die Menge der unter m unmarkierten Stellen in ${}^\bullet K$ bezeichnet. Aufgrund der Definition von Konfliktbereichen gilt $R^\bullet \subseteq K$.

Da die Markierung m keine Transition stark aktiviert, existiert zu jedem Konfliktbereich aus $\{K_1, \ldots, K_k\}$ wenigstens eine Vorbereichsstelle aus R. Da m_0 jede Stelle markiert, kommt in σ aus jedem Konfliktbereich aus $\{K_1, \ldots, K_k\}$ wenigstens eine Transition aus $R^\bullet$ vor. Sei t die letzte in σ vorkommende Transition aus $R^\bullet$. Dann gilt $t \notin {}^\bullet R$.

Sei o.B.d.A. t im Konfliktbereich K_k. Wir wenden die Induktionshypothese auf $\{K_1, \ldots, K_{k-1}\}$ an und erhalten Transitionen $t_1 \in K_1, \ldots, t_{k-1} \in K_{k-1}$ und einen Stellenvektor $\mathbf{x}'$ mit $\mathbf{x}' \cdot \mathbf{t}_i < 0$ für $1 \leq i \leq k - 1$. Nun wählen wir aus dem Konfliktbereich K_k die Transition t, setzen also $t_k = t$. Der Stellenvektor $\mathbf{x}$ sei definiert durch

$$
\mathbf{x}(s) = \begin{cases} (|R| + 1)\, \mathbf{x}'(s) & \text{falls} & s \in {}^\bullet(K_1 \cup \cdots \cup K_{k-1}) \cap R, \\ 1 & \text{falls} & s \in {}^\bullet K_k \cap R, \\ 0 & \text{sonst.} \end{cases}
$$

Man sieht leicht, daß $\mathbf{x}$ nur ganzzahlige und keine negativen Einträge hat. Wir zeigen $\mathbf{x} \cdot \mathbf{t}_i < 0$ für $1 \leq i \leq k$.

Fall 1. Falls $i = k$, gilt $t_i = t_k = t$. Der Vektor $\mathbf{t}(s)$ hat die Einträge 1 für Stellen $s \in t^\bullet \setminus {}^\bullet t$, -1 für Stellen $s \in {}^\bullet t \setminus t^\bullet$ und 0 für alle anderen Stellen. Also gilt

$$
\mathbf{x} \cdot \mathbf{t} = \sum_{s \in t^\bullet} \mathbf{x}(s) - \sum_{s \in {}^\bullet t} \mathbf{x}(s) \ .
$$

Wegen $t \notin {}^{\bullet}R$ gilt $t^{\bullet} \cap R = \emptyset$. Die erste Summe ist hier also 0. Da $t \in K_k$ und $t \in R^{\bullet}$ gilt, existiert wenigstens eine Stelle s in ${}^{\bullet}t$ mit $s \in {}^{\bullet}K_k \cap R$. Für diese Stelle s gilt $\mathbf{x}(s) = 1$. Also ist die zweite Summe wenigstens 1, und wir erhalten $\mathbf{x} \cdot \mathbf{t} \leq -1$.

Fall 2. Falls $1 \leq i \leq k - 1$, gilt aufgrund der Definition von $\mathbf{x}$:

$$\mathbf{x} \cdot \mathbf{t}_i \leq (|R| + 1)\, \mathbf{x}' \cdot \mathbf{t}_i + |t_i^{\bullet} \cap ({}^{\bullet}K_k \cap R)| \leq (|R| + 1)\, \mathbf{x}' \cdot \mathbf{t}_i + |R| \ .$$

Da $\mathbf{x}' \cdot \mathbf{t}_i$ ganzzahlig und negativ ist, folgt $\mathbf{x}' \cdot \mathbf{t}_i \leq -1$ und schließlich

$$(|R| + 1)\, \mathbf{x}' \cdot \mathbf{t}_i + |R| \leq (-|R| - 1) + |R| < 0 \ .$$

$\square$

Lemma 7.5

Sei N ein Netz ohne Kantengewichte mit positiver Stelleninvariante. Sei $\{t_1, \ldots, t_k\}$ eine Teilmenge der Transitionen von N, die je höchstens eine Transition aus jedem Konfliktbereich von N enthält.

Entweder ist die Menge $\{\mathbf{t}_1, \ldots, \mathbf{t}_k\}$ der zugehörigen Spalten der Inzidenzmatrix linear unabhängig, oder es existieren nichtnegative Koeffizienten $\lambda_1, \ldots, \lambda_k \geq 0$, die nicht alle 0 sind, so daß $\lambda_1 \mathbf{t}_1 + \cdots + \lambda_k \mathbf{t}_k = \mathbf{0}$ gilt.

Beweis:

Angenommen, $\{\mathbf{t}_1, \ldots, \mathbf{t}_k\}$ ist nicht linear unabhängig. Dann gibt es Koeffizienten $\mu_1, \ldots, \mu_k$, die nicht alle 0 sind, so daß

$$\mu_1 \mathbf{t}_1 + \cdots + \mu_k \mathbf{t}_k = \mathbf{0}.$$

Falls kein μ_i größer als 0 ist, können wir

$$\lambda_1 = -\mu_1, \ldots, \lambda_k = -\mu_k$$

wählen und sind fertig. Von nun an sei also wenigstens ein μ_i größer als 0. Wir definieren zu jedem μ_i den Wert λ_i durch

$$\lambda_i := \begin{cases} \mu_i & \text{falls } \mu_i \geq 0, \\ 0 & \text{sonst.} \end{cases}$$

Keines der λ_i ist negativ. Da wenigstens ein μ_i größer als 0 ist, gilt dasselbe für ein λ_i.

Seien die Transitionsvektoren μ und λ wie folgt definiert:

$$\mu = (\mu_1, \ldots, \mu_k, 0, \ldots, 0) \quad \text{und} \quad \lambda = (\lambda_1, \ldots, \lambda_k, 0, \ldots, 0).$$

Es gilt $\mathbf{N} \cdot \mu = \mu_1 \mathbf{t}_1 + \cdots + \mu_k \mathbf{t}_k = \mathbf{0}$, μ ist also eine Transitionsinvariante. Wir werden zeigen, daß $\mathbf{N} \cdot \lambda \geq \mathbf{0}$ gilt. Die Anwendung von Farkas Lemma ergibt dann $\mathbf{N} \cdot \lambda = \mathbf{0}$.

Sei s_i eine beliebige Stelle und sei $\mathbf{s}_i$ die zugeordnete Zeile der Inzidenzmatrix. Die negativen Einträge in $\mathbf{s}_i$ gehören zu den Transitionen in $s_i^{\bullet}$. Nach Voraussetzung enthält $s_i^{\bullet}$ höchstens eine Transition $t_j \in \{t_1, \ldots, t_k\}$. Also erhalten wir für alle anderen negativen Einträge in $\mathbf{s}_i$ den Eintrag 0 in μ und in λ.

Falls der t_j zugeordnete Koeffizient μ_j negativ ist, gilt $\lambda_j = 0$. Da λ keine negativen Einträge enthält, folgt $\mathbf{s}_i \cdot \lambda \geq 0$.

Wir nehmen nun an, daß μ_j nicht negativ ist. Dann gilt $\lambda_j = \mu_j$. Der Vektor $(\lambda - \mu)$ enthält keine negativen Einträge, positive Einträge kommen höchstens bei den Transitionen $t_1, \ldots, t_k$ vor, und sein Koeffizient für die Transition t_j ist 0. Es folgt $\mathbf{s}_i \cdot (\lambda - \mu) \geq 0$. Nach Definition der μ_i gilt $\mathbf{s}_i \cdot \mu = 0$. Es folgt wieder $\mathbf{s}_i \cdot \lambda \geq 0$.

Wir erhalten also

$$\mathbf{N} \cdot \lambda = \begin{pmatrix} \mathbf{s}_1 \\ \vdots \\ \mathbf{s}_n \end{pmatrix} \cdot \lambda \geq \mathbf{0}.$$

Das Netz N besitzt eine positive Stelleninvariante, also eine positive Lösung von $\mathbf{y} \cdot \mathbf{N} = \mathbf{0}$. Nach Variante 3 von Farkas Lemma mit $\mathbf{A} = -\mathbf{N}$ gibt es keine Lösung von

$$\mathbf{N} \cdot \mathbf{x} \geq \mathbf{0} \, , \; \mathbf{N} \cdot \mathbf{x} \neq \mathbf{0}.$$

Wegen $\mathbf{N} \cdot \lambda \geq \mathbf{0}$ gilt also $\mathbf{N} \cdot \lambda = \mathbf{0}$. Aufgrund der Definition von λ folgt schließlich $\lambda_1 \mathbf{t}_1 + \cdots + \lambda_k \mathbf{t}_k = \mathbf{0}$, was zu zeigen war. Der Vektor λ ist also auch eine Transitionsinvariante. $\qquad\square$

Nun stehen alle Bausteine für den Beweis der hinreichenden Rangbedingung zur Verfügung:

Satz 7.6

Sei N ein Netz ohne Kantengewichte mit positiver Stelleninvariante und positiver Transitionsinvariante.

*Falls der Rang von **N** kleiner ist als die Anzahl der Konfliktbereiche von N, dann existiert eine lebendige Markierung von N.*

Beweis:

Die Kontraposition des Satzes ist die Implikation (A1) $\Rightarrow$ (A7) der vorher definierten Aussagen (A1) und (A7). Mit den gerade gezeigten Lemmas sind wie beschrieben alle Implikationen (A1) $\Rightarrow$ (A2) $\Rightarrow$ $\cdots$ $\Rightarrow$ (A7) bewiesen.

$\square$

7.3 Charakterisierung stark lebendiger Markierungen

Lemma 7.7

Sei N ein Netz ohne Kantengewichte mit positiver Stelleninvariante und positiver Transitionsinvariante. Sei $\{s_1, \ldots, s_k\}$ eine Teilmenge der Stellen von N, die für jeden Konfliktbereich von N je höchstens eine Stelle aus seinem Vorbereich enthält.

Entweder ist die Menge der zugehörigen Zeilenvektoren der Inzidenzmatrix $\{\mathbf{s}_1, \ldots, \mathbf{s}_k\}$ linear unabhängig, oder es existieren nichtnegative Koeffizienten $\lambda_1, \ldots, \lambda_k \geq 0$, die nicht alle 0 sind, so daß $\lambda_1 \mathbf{s}_1 + \cdots + \lambda_k \mathbf{s}_k = \mathbf{0}$.

Beweis:

Sei $N = (S, T, F)$. Mit $N^d = (T, S, F^{-1})$ sei das zu N duale Netz bezeichnet, wobei F^{-1} die charakteristische Abbildung der Menge $\{(y, x)\,|\,F(x, y) = 1\}$ bezeichnet. Dann ist $\mathbf{N}^d$ die Transponierte von $\mathbf{N}$. Jede Transitionsinvariante von N ist eine Stelleninvariante von N^d. Nach Voraussetzung hat N eine positive Transitionsinvariante, N^d besitzt also eine positive Stelleninvariante.

Da das Netz N eine positive Stelleninvariante und eine positive Transitionsinvariante besitzt, ist es stark zusammenhängend (Satz 2.31). Insbesondere gibt es keinen Konfliktbereich, der nur aus einer Transition mit leerem Vorbereich besteht. Nach der Definition von Konfliktbereichen ist damit jeder Konfliktbereich von N^d Vorbereich eines Konfliktbereiches von N und umgekehrt. $\{s_1, \ldots, s_k\}$ ist damit eine Menge von Transitionen von N^d, die aus jedem Konfliktbereich von N^d höchstens eine Transition enthält.

Wir können nun Lemma 7.5 auf N^d und die Menge $\{s_1, \ldots, s_k\}$ anwenden, was die Aussage unmittelbar beweist.

$\square$

Satz 7.8

Sei N ein Netz ohne Kantengewichte mit positiver Stelleninvariante und positiver Transitionsinvariante derart, daß der Rang von $\mathbf{N}$ kleiner ist als die Anzahl der Konfliktbereiche von N.

Eine Markierung m_0 von N ist genau dann stark lebendig, wenn für jede Stelleninvariante $\mathbf{i} \geq \mathbf{0}, \mathbf{i} \neq \mathbf{0}$ gilt: $\mathbf{i} \cdot \mathbf{m}_0 > 0$.

Beweis:

$(\Rightarrow)$

Jede stark lebendige Markierung ist auch lebendig (Proposition 7.2(3)). Wir haben in Kapitel 2 gezeigt, daß jede lebendige Markierung m_0 die Ungleichung $\mathbf{i} \cdot \mathbf{m}_0 > 0$ für jede Stelleninvariante $\mathbf{i} \geq \mathbf{0}, \mathbf{i} \neq \mathbf{0}$ erfüllt (Korollar 2.26).

$(\Leftarrow)$

Wir zeigen die Kontraposition. Sei m_0 eine nicht stark lebendige Markierung von N. Lemma 7.3 besagt, daß von m_0 eine Markierung m erreicht werden kann, die keine Transition stark aktiviert. Zu jedem Konfliktbereich K existiert also wenigstens eine unter m unmarkierte Stelle in ${}^{\bullet}K$.

Sei o.B.d.A. $\{s_1, \ldots, s_k\}$ eine Menge unter m unmarkierter Stellen, die zu jedem Konfliktbereich K genau eine Stelle aus ${}^{\bullet}K$ enthält. Diese Menge enthält genauso viele Stellen, wie es Konfliktbereiche gibt. Da der Rang von $\mathbf{N}$ nach Voraussetzung kleiner ist als die Anzahl der Konfliktbereiche von N, ist die Menge der zugehörigen Vektoren $\{\mathbf{s}_1, \ldots, \mathbf{s}_k\}$ nicht linear unabhängig.

Die Voraussetzungen von Lemma 7.7 sind erfüllt. Das Lemma besagt, daß Koeffizienten $\lambda_1, \ldots, \lambda_k \geq 0$, die nicht alle 0 sind, existieren, so daß

$$\lambda_1 \mathbf{s}_1 + \cdots + \lambda_k \mathbf{s}_k = \mathbf{0}.$$

Sei $\mathbf{i}$ ein Stellenvektor von N, definiert durch $\mathbf{i} = (\lambda_1, \ldots, \lambda_k, 0, \ldots, 0)$. Wir erhalten $\mathbf{i} \cdot \mathbf{N} = \mathbf{0}$, der Vektor $\mathbf{i}$ ist also eine Stelleninvariante. Es gilt $\mathbf{i} \geq \mathbf{0}$, $\mathbf{i} \neq \mathbf{0}$. Da alle Stellen in $\{\mathbf{s}_1, \ldots, \mathbf{s}_k\}$ unter m unmarkiert sind, gilt $\mathbf{i} \cdot \mathbf{m} = 0$. Da m von m_0 erreichbar ist und $\mathbf{i}$ eine Stelleninvariante ist, folgt schließlich $\mathbf{i} \cdot \mathbf{m}_0 = 0$. $\qquad\square$

Korollar 7.9

Es ist mit polynomiellem Aufwand entscheidbar, ob eine Markierung eines Netzes ohne Kantengewichte mit positiver Stelleninvariante stark lebendig ist.

Beweis:

Eine Markierung m eines Netzes N mit positiver Stelleninvariante ist genau dann stark lebendig, wenn N über eine positive Transitionsinvariante verfügt, die Rangungleichung erfüllt ist, und $i \cdot m > 0$ für jede Stelleninvariante $i \geq 0, i \neq 0$ gilt.

Die Existenz einer positiven Transitionsinvarianten ist durch Lösung eines entsprechenden Ungleichungssystems effizient überprüfbar. Die Rangungleichung ist durch Berechnung des Rangs und Abzählen der Konfliktbereiche effizient überprüfbar. Der letzte Punkt von Satz 7.8 ist genau dann erfüllt, wenn das folgende lineare Programm *keine* Lösung für x besitzt:

$$
\begin{array}{lll}
\mathbf{x} \cdot \mathbf{N} & = \mathbf{0} & \qquad (\mathbf{x} \text{ ist eine Stelleninvariante}) \\[4pt]
\mathbf{x} \cdot \mathbf{e}_j & \geq 0 \quad \text{für alle } \mathbf{e}_j & \qquad (\mathbf{x} \text{ ist nicht negativ}) \\[4pt]
\mathbf{x} \cdot (1 \ldots 1)^{\mathsf{T}} & \geq 1 & \qquad (\mathbf{x} \neq \mathbf{0}\,) \\[4pt]
\mathbf{x} \cdot \mathbf{m} & \leq 0 &
\end{array}
$$

□

7.4 Eine notwendige Bedingung für die Lebendigkeit von Markierungen

In diesem Abschnitt zeigen wir den Gegenpart zu den Ergebnissen der vorhergegangenen Abschnitte. Wir haben gezeigt, wie man aus dem Rang der Inzidenzmatrix auf die Lebendigkeit von Markierungen schließen kann: Falls der Rang die Anzahl der Konfliktbereiche nicht übersteigt und eine Markierung hinreichend viele Stellen markiert, ist sie stark lebendig und damit auch lebendig. Das Ergebnis dieses Abschnittes wird sein: Falls der Rang eine netzspezifische Größe übersteigt, kann das Netz nicht lebendig markiert werden.

Wir beschränken uns wieder auf Netze ohne Kantengewichte, die eine positive Stelleninvariante und eine positive Transitionsinvariante besitzen. Wie läßt sich der Rang der Inzidenzmatrix nach oben abschätzen? Er kann maximal um eins geringer als die Anzahl der Transitionen sein, da eine (positive) Transitionsinvariante existiert. Falls zwei Transitionen den selben Vorbereich haben, sind sie von denselben Markierungen aktiviert. Bei einer lebendigen Anfangsmarkierung läßt sich entweder die eine oder die andere Transition bevorzugt schalten, was bei reproduzierendem Verhalten zu entsprechend größeren Einträgen in den Transitionsinvarianten führt. Wir erhalten zwei linear unabhängige Transitionsvektoren; der Rang der Inzidenzmatrix kann höchstens der Anzahl der Transitionen abzüglich zwei betragen.

Zunächst soll diese Argumentationsidee etwas genauer skizziert werden: Gegeben sei ein Netz mit positiver Stelleninvariante und lebendiger Anfangsmarkierung m_0. Die Transitionen t_1 und t_2 mögen denselben Vorbereich haben. Wir können stets beide Transitionen wieder aktivieren und eine der beiden Transitionen aussuchen. Sei σ eine von m_0 aktivierte unendliche Schaltfolge, in der sowohl die Transitionen t_1 und t_2 unendlich oft vorkommen, t_2 aber immer nur einmal schaltet nachdem t_1 zweimal geschaltet hat. Da wir von der Existenz einer positiven Stelleninvariante ausgehen, ist die Anfangsmarkierung beschränkt, und es existieren nur endlich viele Markierungen. Insbesondere können die Markierungen, die jeweils nach dem Schalten von t_2 erreicht werden, nicht alle unterschiedlich sein. Es existiert also eine erreichbare Markierung m und eine Schaltfolge $m \xrightarrow{\tau} m$, die die Markierung m reproduziert. In τ kommen die Transitionen t_1 und t_2 vor, und t_2 kommt doppelt so häufig vor wie die Transition t_1. Entsprechend ist der Eintrag von t_2 in der Transitionsinvarianten $\vec{\tau}$ doppelt so groß wie der Eintrag von t_1.

Definition 7.10

Sei U eine beliebige Menge von Transitionen eines Netzes. O.B.d.A. nehmen wir $U = \{t_1, \ldots, t_k\}$ an. Wir definieren für jede Transition t_i aus U eine neue Stelle s_i' (s_i' ist nicht Element von N). Das Netz N^U mit

Stellenmenge $S = \{s_1', \ldots, s_k'\}$,

Transitionsmenge $T = U$, und

Kantenmenge $\{(t_1, s_1'), (s_1', t_2), \ldots, (t_k, s_k'), (s_k', t_1)\})$

heißt *Regulationskreis* von U.

Die *Komposition* von N und N^U ist das Netz, das durch die Vereinigung der Stellen-, Transitions- und Kantenmengen entsteht.

Lemma 7.11

Sei N ein Netz, und sei N^U der Regulationskreis einer Transitionsmenge U von N. N' sei die Komposition von N und N^U.

Wenn N eine positive Stelleninvariante besitzt, dann auch N'.

Beweis:

Sei $\mathbf{i}$ eine positive Stelleninvariante von N. Definiere einen Stellenvektor $\mathbf{i}'$ von N', der für jede Stelle von N mit $\mathbf{i}$ übereinstimmt und für jede Stelle des Regulationskreises den Wert 1 hat. Dieser Vektor hat nur positive Einträge.

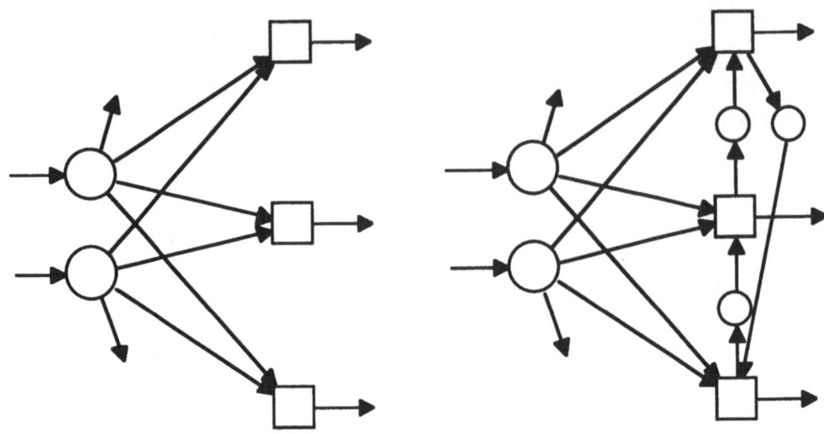

Abbildung 7.3 Ein Netzausschnitt ohne und mit Regulationskreis

Sei t eine beliebige Transition von N. Falls t nicht in U liegt, stimmen sowohl ${}^\bullet t$ als auch $t^\bullet$ in N und in N' überein. Andernfalls enthält sowohl ${}^\bullet t$ als auch $t^\bullet$ zusätzlich genau eine Stelle des Regulationskreises. Da die Einträge dieser Stellen in $\mathbf{i}'$ jeweils 1 sind, gilt in beiden Fällen

$$\mathbf{i}' \cdot t = \mathbf{i} \cdot t = 0.$$

Also ist $\mathbf{i}'$ eine Stelleninvariante von N'. $\square$

Lemma 7.12

Sei N ein Netz ohne Kantengewichte mit einer positiven Stelleninvariante. Sei U eine Menge von Transitionen von N, die alle denselben Vorbereich haben, sei N^U der Regulationskreis von U, und sei N' die Komposition von N und N^U.

Falls eine lebendige Markierung von N existiert, dann existiert auch eine lebendige Markierung von N'.

Beweis:

Sei m_0 eine lebendige Markierung von N. Da N eine positive Stelleninvariante besitzt, ist m_0 zusätzlich beschränkt. Also sind nur endlich viele Markierungen von m_0 aus erreichbar; sei k die Anzahl dieser Markierungen. Definiere m_0' als die Markierung von N', die auf den Stellen von N mit m_0 übereinstimmt und die Stellen des Regulationskreises mit jeweils k Marken markiert. Wir zeigen, daß m_0' eine lebendige Markierung von N' ist.

Sei $m_0' \xrightarrow{\sigma} m_1'$ eine beliebige Schaltfolge von N', und sei t eine beliebige Transition von N. Wir konstruieren eine von m_1' aktivierte Schaltfolge τ, die die Transition t enthält. τ ist die Konkatenation zweier Sequenzen τ_1 und τ_2. Sei für jede Markierung m' von N', m die Restriktion von m' auf die Stellen von N und m^U die Restriktion von m' auf die Stellen von N^U. Da N' sich von N nur durch zusätzliche Stellen unterscheidet, ist $m_0 \xrightarrow{\sigma} m_1$ eine Schaltfolge in N. σ^U bezeichne die Restriktion von σ auf U, also die Sequenz, die aus σ durch Streichen aller nicht zu U gehörenden Transitionen entsteht. Da N^U mit N nur durch gemeinsame Transitionen verbunden ist, gilt $m_0^U \xrightarrow{\sigma^U} m_1^U$.

Da das Netz N^U aus einem einfachen Kreis besteht, können die Marken in N^U wieder gleichmäßig auf die Stellen von N^U verteilt werden, d.h. in N^U kann die Markierung m_0^U von m_1^U aus wieder erreicht werden.[2] Sei $m_1^U \xrightarrow{u_1 \ldots u_n} m_0^U$ eine entsprechende Schaltfolge in N^U.

Wir zeigen, daß die Markierung m_1 des Netzes N eine Schaltfolge τ_1 aktiviert, deren Restriktion τ_1^U auf U gerade $u_1 \ldots u_n$ ist.

Wir wählen eine minimale von m_1 aktivierte Schaltfolge derart, daß die erreichte Markierung eine Transition aus U aktiviert. Da m_0 lebendig ist, ist auch m_1 lebendig, und es existiert eine derartige Schaltfolge. Da alle Transitionen in U denselben Vorbereich haben, sind sie alle unter der erreichten Markierung aktiviert, insbesondere auch u_1. Wir können diese Schaltfolge also um die Transition u_1 verlängern. Von der anschließend erreichten Markierung aus wählen wir wieder eine minimale Schaltfolge derart, daß die erreichte Markierung alle Transitionen aus U aktiviert, und verlängern diese Schaltfolge um u_2. Aufgrund der Minimalität der Schaltfolgen enthalten diese keine weiteren Transitionen aus U. Nach n Wiederholungen erhalten wir schließlich eine Schaltfolge τ_1, deren Restriktion auf U die Sequenz $u_1 \ldots u_n$ ist. Sei $m_1 \xrightarrow{\tau_1} m_2$ in N.

Wir haben gezeigt:

- die Sequenz τ_1 ist in N von m_1 aktiviert und führt zur Markierung m_2,

- ihre Restriktion τ_1^U auf die Transitionen von U, also $u_1 \ldots u_n$, ist in N_U eine Schaltfolge von m_1^U nach m_0^U.

Da N' aus N und N^U durch Verschmelzung von Transitionen entsteht, ist die Schaltfolge τ_1 auch in N' von m_1' aktiviert, und sie führt zu einer Markierung

---

[2]Dies ist leicht zu sehen; wenn jede einmal bewegte Marke den Kreis vollendet, ist die Anfangsmarkierung wiederhergestellt. Eine anderer Algorithmus ist durch die Regel gegeben, daß eine Transition schaltet, sofern die Stelle in ihrem Vorbereich mehr Marken als die Stelle in ihrem Nachbereich trägt. In [DKVW95] wird gezeigt, daß dieses Verfahren tatsächlich zum Ziel führt.

m_2', die auf den Stellen von N mit m_2 übereinstimmt und auf den Stellen von N^U mit m_0' übereinstimmt.

Da auch m_2 eine lebendige Markierung von N ist, aktiviert sie eine minimale Schaltfolge τ_2, die die Transition t enthält. Aufgrund der Minimalität wird während dieser Schaltfolge keine Markierung mehrmals erreicht, ihre Länge ist also höchstens k. Da in N' die Markierung m_2' jede Stelle aus dem Regulationskreis k-fach markiert, ist τ_2 in N' von m_2' aktiviert. $\square$

Satz 7.13

Sei N ein Netz ohne Kantengewichte mit einer positiven Stelleninvariante und einer positiven Transitionsinvariante.

Sei T die Menge der Transitionen von N und sei $V_N := \{{}^\bullet t \mid t \in T\}$ die Menge der Vorbereiche von Transitionen in N. Falls eine lebendige Markierung von N existiert, ist der Rang von $\mathbf{N}$ höchstens $|V_N| - 1$.

Beweis:

Angenommen, N besitzt eine lebendige Markierung m.

Wir führen Induktion über $k = |T| - |V_N|$.

Basis. $k = 0$.

$\mathbf{N}$ hat $|T|$ Spalten. Da N eine positive Transitionsinvariante besitzt, ist der Rang von $\mathbf{N}$ höchstens $|T| - 1$. Wegen $k = 0$ gilt $|T| = |V_N|$, woraus sofort die Aussage folgt.

Schritt. $k > 0$.

In diesem Fall existieren wenigstens zwei Transitionen mit demselben Vorbereich. Sei U eine maximale Menge von Transitionen mit denselben Vorbereichen mit $|U| \geq 2$.

Sei N^U der Regulationskreis von U und N' die Komposition von N und N^U. Wegen Lemma 7.11 und Lemma 7.12 hat N' eine positive Stelleninvariante und kann lebendig markiert werden.

Die Transitionsmenge von N' ist T. Alle Transitionen aus T bis auf die Transitionen in U haben in N und in N' denselben Vorbereich. In N' haben je zwei verschiedene Transitionen aus U verschiedene Vorbereiche, weil dies im Regulationskreis der Fall ist. Damit gilt

$$|V_{N'}| = |V_N| + |U| - 1,$$

wobei $V_{N'}$ die Menge $\{{}^\bullet t \mid t \in T\}$ in N' bezeichnet.

Insbesondere ist der Wert $|T| - |V_{N'}|$ kleiner als $|T| - |V_N|$. Wir können deshalb die Induktionshypothese auf das Netz N' anwenden, der Rang von $\mathbf{N'}$ ist höchstens $|V_{N'}| - 1$. Wir erhalten damit

$$\text{Rang}(\mathbf{N'}) \leq |V_{N'}| - 1 = |V_N| + |U| - 2.$$

Es bleibt zu zeigen, daß der Rang von $\mathbf{N'}$ den Rang von $\mathbf{N}$ um wenigstens $|U| - 1$ übersteigt. Sei o.B.d.A. $U = \{t_1, \ldots, t_n\}$. Die zu den hinzugefügten Stellen gehörenden n Zeilen von $\mathbf{N'}$ sehen wie folgt aus:

$$\begin{pmatrix} -1 & 0 & \cdots & 0 & 1 & 0 & \cdots & 0 \\ 1 & -1 & 0 & \cdots & 0 & 0 & \cdots & 0 \\ \vdots & & \ddots & & \vdots & \vdots & & \vdots \\ 0 & \cdots & 1 & -1 & 0 & 0 & \cdots & 0 \\ 0 & \cdots & 0 & 1 & -1 & 0 & \cdots & 0 \end{pmatrix}$$

Es ist leicht zu sehen, daß je $n - 1$ Stück dieser Vektoren linear unabhängig sind. Wir zeigen, daß keine dieser Zeilen Linearkombination anderer Zeilen von $\mathbf{N'}$, also von Zeilen von $\mathbf{N}$, ist. Wir argumentieren indirekt und nehmen an, daß die Zeile $\mathbf{s}'_i$ Linearkombination der Zeilen von $\mathbf{N}$ ist, sei $\mathbf{s}'_i = \lambda \cdot \mathbf{N}$. Sei t_i die eindeutige Transition im Vorbereich von s'_i, und sei t_j die eindeutige Transition im Nachbereich von s'_i. Nach Voraussetzung existiert eine lebendige Markierung m_0 von N. Da N außerdem eine positive Stelleninvariante besitzt, ist m_0 eine beschränkte Markierung; nur endlich viele Markierungen sind von m_0 aus erreichbar. Sei m eine von m_0 aus erreichbare Markierung derart, daß der Wert $\lambda \cdot \mathbf{m}$ maximal ist. Definiere

$$k := \lambda \cdot \mathbf{m} - \lambda \cdot \mathbf{m}_0.$$

Da in N die Transitionen t_i und t_j dieselben Vorbereiche haben, können wir eine Schaltfolge $m_0 \xrightarrow{\sigma} m_1$ finden, in der t_i $k + 1$ mal vorkommt und t_j nicht vorkommt. Für den zugehörigen Schaltvektor $\mathbf{x}$ gilt $\mathbf{s}'_i \cdot \mathbf{x} > k$. Wegen $\mathbf{m}_0 + \mathbf{N} \cdot \mathbf{x} = \mathbf{m}_1$ und der Wahl von k gilt

$$\lambda \cdot \mathbf{N} \cdot \mathbf{x} = \lambda \cdot \mathbf{m}_1 - \lambda \cdot \mathbf{m}_0 \leq k,$$

im Widerspruch zu

$$\lambda \cdot \mathbf{N} \cdot \mathbf{x} = \mathbf{s}'_i \cdot \mathbf{x} > k.$$

$\square$

Literaturangaben

Die Rangbedingungen wurden zunächst für *Free-Choice-Netze* angegeben. Dort fallen die hinreichende und die notwendige Bedingung zusammen. Diese hinreichende und auch notwendige Bedingung charakterisiert also die Lebendigkeit einer Markierung eines Free-Choice-Netzes, das eine positive Stelleninvariante und eine positive Transitionsinvariante besitzt.

Die Rangbedingungen für Free-Choice-Netze wurden formuliert in [CaCS91]. [Dese92] zeigt, daß der Beweis in [CaCS91] auf einem ungültigen Lemma beruht und gibt einen gänzlich neuen Beweis an. Zuvor wurde in [Espa90] eine etwas schwächere Aussage bewiesen.

Die notwendige Rangbedingung für beliebige Netze wurde in [CoCS90] formuliert. Der Beweis wurde in [TeSi96] korrigiert. Eine korrekte Version ist auch in [DeEs95] enthalten. Die hinreichende Rangbedingung geht auf [Dese94] zurück. Der dort angegebene Beweis verwendet die Reduktion beliebiger Netze auf Free-Choice-Netze. Ein ähnlicher Beweis ist in [TeSi96] angegeben. Für Free-Choice-Netze mit Kantengewichten (*Equal-Conflict-Netze*) werden die Rangbedingungen in [ReTS95] und [TeSi96] verallgemeinert.

In [Mura77] wird eine andere Abschätzung des Rangs der Inzidenzmatrix gezeigt: Falls jede Markierung eines Netzes von einer festen Anfangsmarkierung erreichbar ist, dann ist der Zeilenrang maximal und entspricht damit der Anzahl der Stellen. Dies ist leicht einzusehen, denn ein derartiges Netz kann neben **0** keine Stelleninvariante besitzen.

Eine weitere linear-algebraisch formulierte hinreichende Bedingung für Lebendigkeit in beliebigen Netzen ist in [LaRi94] angegeben.

Kapitel 8

Anwendungen von Farkas Lemma

In Kapitel 2 sind neun Varianten von Farkas Lemma angegeben. Diese wurden an verschiedenen Stellen dieses Buches verwendet. In diesem abschließenden Kapitel sollen weitere Anwendungen dieses wichtigen Lemmas in der Petrinetz-Theorie zusammengefaßt werden. Typisch für diese Ergebnisse ist, daß sie von konkreten Anfangsmarkierungen der Netze abstrahieren. Stattdessen betreffen sie meist alle Markierungen eines Netzes oder aber eine beliebige Markierung.

Dieses Kapitel basiert auf Publikationen verschiedener Autoren, die jeweils sehr unterschiedliche Notationen und Motivationen verwendet haben. Hier soll ein knapper, tabellarischen Überblick gegeben werden. Daher liegt der Schwerpunkt mehr auf formalen Konzepten und ihrer Vergleichbarkeit und weniger auf motivierenden Texten oder Beispielen.

Der erste Abschnitt dieses Kapitels widmet sich der Beschränktheit von Markierungen. Im zweiten Abschnitt wird die Überdeckbarkeit von Markierungen behandelt. Der dritte Abschnitt zeigt, wie Aussagen über die Schalthäufigkeiten von Transitionen integriert werden können. Im vierten Abschnitt untersuchen wir Terminierungs- und Lebendigkeitseigenschaften. Schließlich werden im vierten Abschnitt Abhängigkeits- und Synchroniebeziehungen zwischen Transitionen und Mengen von Transitionen behandelt.

8.1   Analyse der Beschränktheit von Stellen

Die Anzahl der Marken, die sich höchstens jemals auf einer Stelle befinden können, hängt von der betrachteten Anfangsmarkierung und der statischen Netzstruktur ab. Wir betrachten hier nur den Einfluß des Netzes. So hat zum Beispiel eine Stelle mit leerem Vorbereich für jede Anfangsmarkierung eine obere Schranke, während eine Stelle im Nachbereich einer Transition mit leerem Vorbereich nicht beschränkt sein kann. Allgemeinere Kriterien für die Beschränktheit oder die Unbeschränktheit einer Stelle lassen sich durch die Analyse linearer Ungleichungssysteme ermitteln.

Wir benötigen das folgende Lemma, das auch bekannt ist als *Dickson's Lemma*.

Lemma 8.1

Sei $n \in \mathbb{N}$ und sei $\mathbf{x}_1, \mathbf{x}_2, \mathbf{x}_3, \ldots$ eine unendliche Sequenz von Vektoren aus $\mathbb{N}^n$. Es existieren Indizes $i_1, i_2, i_3, \ldots \in \{1, 2, 3, \ldots\}$ mit

$$i_1 < i_2 < i_3 < \cdots,$$

so daß

$$\mathbf{x}_{i_1} \leq \mathbf{x}_{i_2} \leq \mathbf{x}_{i_3} \leq \cdots.$$

Beweis:

Sei $k \in \{1, \ldots, n\}$ beliebig. Wir streichen in der unendlichen Sequenz alle Vektoren $\mathbf{x}_i$, für die ein (nicht notwendigerweise unmittelbar) danach auftretender Vektor $\mathbf{x}_j$ mit $\mathbf{x}_i(k) > \mathbf{x}_j(k)$ existiert. Es werden damit nie unendlich viele aufeinanderfolgende Vektoren gestrichen. Die verbleibende Sequenz von Vektoren ist aus diesem Grund ebenfalls unendlich, und sie ist monoton bezüglich der k-ten Komponente. Diese Operation läßt sich nacheinander für jede Komponente durchführen. Wir erhalten schließlich eine unendliche Sequenz, in der für je zwei aufeinanderfolgende Vektoren $\mathbf{x}$ und $\mathbf{x}'$ gilt: $\mathbf{x} \leq \mathbf{x}'$. $\Box$

Satz 8.2

Eine Stelle s eines Netzes N ist genau dann für wenigstens eine Anfangsmarkierung unbeschränkt, wenn eine Markierung m von N und eine von m erreichbare Markierung m' existieren, so daß $\mathbf{m}' \geq \mathbf{m}$ und $m'(s) > m(s)$.

Beweis:

($\Rightarrow$)

Sei s für eine Anfangsmarkierung m_0 unbeschränkt. Dann existiert für jede natürliche Zahl k eine erreichbare Markierung m derart, daß $m(s) \geq k$. Also existieren von m_0 aus erreichbare Markierungen $m_1, m_2, m_3, \ldots$, für die jeweils $m_{i+1}(s) > m_i(s)$ gilt. Wir betrachten nun die unendliche Vektorensequenz $\mathbf{m}_1, \mathbf{m}_2, \mathbf{m}_3, \ldots$. Wegen Dickson's Lemma (Lemma 8.1) existieren Indizes $i_1, i_2, i_3, \ldots \in \{1, 2, 3, \ldots\}$ mit

$$i_1 < i_2 < i_3 < \cdots$$

so daß

$$\mathbf{m}_{i_1} \leq \mathbf{m}_{i_2} \leq \mathbf{m}_{i_3} \leq \cdots.$$

Auch für diese Sequenz gilt

$$m_{i_1}(s) < m_{i_2}(s) < m_{i_3}(s) < \cdots.$$

Alle Markierungen dieser Sequenz sind von der Anfangsmarkierung m_0 erreichbar. Sei, für $j \in \{1, 2, 3, \ldots\}$, $m_0 \xrightarrow{\sigma_j} m_{i_j}$ und $\mathbf{x}_j$ der Parikh-Vektor der Sequenz σ_j. Wiederum wegen Lemma 8.1 enthält die unendliche Sequenz $\mathbf{x}_1, \mathbf{x}_2, \mathbf{x}_3, \ldots$ dieser Parikh-Vektoren eine monotone Teilsequenz. Insbesondere enthält sie zwei Vektoren $\mathbf{x}_l$ und $\mathbf{x}_k$ mit $l < k$ und $\mathbf{x}_l \leq \mathbf{x}_k$.

Wir betrachten nun die nichtnegative Differenz $\mathbf{x}_k - \mathbf{x}_l$. Wegen Lemma 1.11 existieren Markierungen m und m' von N und eine Schaltfolge $m \xrightarrow{\sigma} m'$ mit Parikh-Vektor $\mathbf{x}_k - \mathbf{x}_l$. Wegen $\mathbf{m}_0 + \mathbf{N} \cdot \mathbf{x}_k = \mathbf{m}_{i_k}$ und $\mathbf{m}_0 + \mathbf{N} \cdot \mathbf{x}_l = \mathbf{m}_{i_l}$ gilt $\mathbf{m}' = \mathbf{m} + \mathbf{m}_{i_k} - \mathbf{m}_{i_l}$. Folglich gilt $\mathbf{m}' \geq \mathbf{m}$ und $m'(s) > m(s)$.

$(\Leftarrow)$

Sei σ eine Schaltfolge von m nach m'. Dann kann σ wegen $\mathbf{m}' \geq \mathbf{m}$ beliebig häufig ausgefürt werden. Wegen $m'(s) > m(s)$ steigt die Markenzahl auf s dabei beliebig. $\qquad\square$

Man beachte, daß nicht jede Anfangsmarkierung, für die die betrachtete Stelle s unbeschränkt ist, die Eigenschaft von m in Satz 8.2 erfüllt. Auch gibt es nicht notwendigerweise erreichbare Markierungen mit dieser Eigenschaft, wenn s unter der Anfangsmarkierung unbeschränkt ist. Gegenbeispiele findet man in [Hack72] und in [Star91].

Satz 8.3

Sei N ein Netz, und sei s eine Stelle von N.

Die folgenden Aussagen sind äquivalent:

- *Die Stelle s ist für jede Anfangsmarkierung beschränkt.*

- *Das folgende Ungleichungssystem besitzt eine Lösung für $\mathbf{y}$ in $\mathbb{Q}^*$:*

$$\mathbf{y} \cdot \mathbf{N} \leq \mathbf{0}, \ \mathbf{y} \geq \mathbf{e}_s.$$

($\mathbf{e}_s$ bezeichnet wie immer den Stelleneinheitsvektor von s).

Beweis:

Satz 8.2 impliziert, daß s genau dann für jede Anfangsmarkierung beschränkt ist, wenn nicht zwei Markierungen m und m' von N und eine Schaltfolge $m \xrightarrow{\sigma} m'$ existieren mit

$$\mathbf{m}' \geq \mathbf{m}, \ m'(s) > m(s).$$

Da zu jedem nichtnegativen ganzzahligen Transitionsvektor eine entsprechende Schaltfolge existiert (Lemma 1.11), ist dies genau dann der Fall, wenn

$$\mathbf{m} + \mathbf{N} \cdot \mathbf{x} = \mathbf{m}', \ \mathbf{m}' \geq \mathbf{m}, \ m'(s) > m(s)$$

keine Lösung für die Markierungen $\mathbf{m}$ und $\mathbf{m}'$ sowie für $\mathbf{x}$ aus $\mathbb{N}^*$ besitzt. In diesem Ungleichungssystem lassen sich $\mathbf{m}$ und $\mathbf{m}'$ leicht eliminieren, und wir erhalten die äquivalente Form

$$\mathbf{N} \cdot \mathbf{x} \geq \mathbf{e}_s, \ \mathbf{x} \geq \mathbf{0}$$

mit $\mathbf{x} \in \mathbb{Z}^*$.

Wenn dieses Ungleichungssystem eine rationale Lösung besitzt, dann läßt sich durch Multiplikation mit dem gemeinsamen Nenner auch eine ganzzahlige Lösung konstruieren.

Wir wenden Variante 9 von Farkas Lemma für $\mathbf{A} = (-1)\,\mathbf{N}$ und $\mathbf{b} = (-1)\,\mathbf{e}_s$ an und erhalten die Lösbarkeit des Ungleichungssystems

$$\mathbf{y} \cdot \mathbf{N} \leq \mathbf{0}, \ \mathbf{y} \cdot \mathbf{e}_s > 0, \ \mathbf{y} \geq \mathbf{0}.$$

Eine einfache Transformation ergibt die Form

$$\mathbf{y} \cdot \mathbf{N} \leq \mathbf{0}, \ \mathbf{y} \geq \mathbf{e}_s.$$

□

Korollar 8.4

Es sind genau dann alle Anfangsmarkierungen eines Netzes N beschränkt, wenn das folgende Ungleichungssystem lösbar ist:

$$\mathbf{y} \cdot \mathbf{N} \leq \mathbf{0}, \ \mathbf{y} > \mathbf{0}$$

Beweis:

Die Addition der Lösungen des Ungleichungssystems aus Satz 8.3 für alle Stellen liefert eine Lösung dieses Ungleichungssystems. Umgekehrt ist jede Lösung dieses Ungleichungssystems nach Multiplikation mit dem gemeinsamen Nenner eine Lösung des Ungleichungssystems von Satz 8.3 für jede Stelle.   □

Die Aussage läßt sich auch direkt mit Variante 4 von Farkas Lemma beweisen.

Notation 8.5

Wir nennen eine Menge A von Stellen eines Netzes mit Anfangsmarkierung m_0 *simultan unbeschränkt*, wenn für jedes $k \in I\!N$ eine erreichbare Markierung m existiert, so daß für alle $s \in A$ gilt: $m(s) > k$.

Satz 8.6

Sei N ein Netz, und sei A eine Menge von Stellen von N.

Die folgenden Aussagen sind äquivalent:

- *Die Menge A ist für keine Anfangsmarkierung simultan unbeschränkt.*

- *Das folgende Ungleichungssystem besitzt eine Lösung für $\mathbf{y}$ in Q^*:*

$$\mathbf{y} \cdot \mathbf{N} \leq \mathbf{0}, \ \mathbf{y} \cdot \chi(A) > 0, \ \mathbf{y} \geq \mathbf{0}$$

(und dann auch eine ganzzahlige Lösung).

Beweis:

Wir zeigen zunächst (in Analogie zu Satz 8.2), daß die Menge A genau dann für wenigstens eine Anfangsmarkierung simultan unbeschränkt ist, wenn zwei Markierungen m und m' von N und eine Schaltfolge $m \overset{\sigma}{\longrightarrow} m'$ existieren mit

$$\mathbf{m'} \geq \mathbf{m}, \ \forall s \in A : \ m'(s) > m(s).$$

$(\Rightarrow)$

Sei A für eine Anfangsmarkierung m_0 simultan unbeschränkt. Dann existiert für jedes $k \in I\!N$ eine erreichbare Markierung m, die $m(s) > k$ für alle s in A erfüllt. Insbesondere existiert zu jeder Markierung m_i eine von m_0 erreichbare Markierung m_{i+1}, so daß $m_{i+1}(s) > m_i(s)$ für alle s in A gilt. Auf diese Weise läßt sich eine unendliche Sequenz $m_1, m_2, m_3, \ldots$ jeweils von m_0 erreichbarer Markierungen definieren, die bezüglich aller Stellen von A stark monoton ist. Wegen Lemma 8.1 existieren Indizes $i_1, i_2, i_3, \ldots \in \{1, 2, 3, \ldots\}$ mit

$$i_1 < i_2 < i_3 < \cdots$$

so daß

$$\mathbf{m}_{i_1} \leq \mathbf{m}_{i_2} \leq \mathbf{m}_{i_3} \leq \cdots.$$

Auch bei dieser Sequenz gilt für jede Stelle s aus A:

$$m_{i_1}(s) < m_{i_2}(s) < m_{i_3}(s) < \cdots.$$

Alle Markierungen dieser Sequenz sind von der Anfangsmarkierung m_0 erreichbar; sei, für $j \in \{1, 2, 3, \ldots\}$, $m_0 \xrightarrow{\sigma_j} m_{i_j}$ und $\mathbf{x}_j$ der Parikh-Vektor der Sequenz σ_j. Wiederum wegen Lemma 8.1 enthält die unendliche Sequenz $\mathbf{x}_1, \mathbf{x}_2, \mathbf{x}_3, \ldots$ dieser Parikh-Vektoren eine monotone Teilsequenz. Insbesondere enthält sie zwei Vektoren $\mathbf{x}_l$ und $\mathbf{x}_k$ mit $l < k$ und $\mathbf{x}_l \leq \mathbf{x}_k$.

Wir betrachten nun die nichtnegative Differenz $\mathbf{x}_k - \mathbf{x}_l$. Wegen Lemma 1.11 existieren Markierungen m und m' von N und eine Transitionsfolge σ mit Parikh-Vektor $\mathbf{x}_k - \mathbf{x}_l$, so daß $m \xrightarrow{\sigma} m'$. Wegen $\mathbf{m}_0 + \mathbf{N} \cdot \mathbf{x}_k = \mathbf{m}_{i_k}$ und $\mathbf{m}_0 + \mathbf{N} \cdot \mathbf{x}_l = \mathbf{m}_{i_l}$ gilt $\mathbf{m}' = \mathbf{m} + \mathbf{m}_{i_k} - \mathbf{m}_{i_l}$. Folglich gilt $\mathbf{m}' \geq \mathbf{m}$ und, für alle s aus A, $m'(s) > m(s)$.

($\Leftarrow$)

Angenommen, es existieren Markierungen m und m' und eine Schaltfolge $m \xrightarrow{\sigma} m'$ mit den angegebenen Eigenschaften. Dann kann σ von m aus beliebig häufig ausgeführt werden. Bei jeder Ausführung nimmt die Markenzahl auf jeder Stelle aus A zu. Die Menge A ist also für die Anfangsmarkierung m simultan unbeschränkt.

Damit ist die Charakterisierung potentiell simultan unbeschränkter Stellenmengen gezeigt. Da zu jedem nichtnegativen ganzzahligen Transitionsvektor eine entsprechende Schaltfolge existiert (Lemma 1.11), ist diese Charakterisierung äquivalent zur Lösbarkeit des Ungleichungssystems

$$\mathbf{N} \cdot \mathbf{x} \geq \chi(A), \ \mathbf{x} \geq \mathbf{0}.$$

Der Rest des Beweises verläuft vollkommen analog zum Beweis von Satz 8.3, mit Ersetzung von $\mathbf{e}_s$ durch $\chi(A)$. $\qquad\square$

Korollar 8.7

Die Menge aller Stellen eines Netzes N ist genau dann für keine Anfangsmarkierung simultan unbeschränkt, wenn das folgende Ungleichungssystem lösbar ist:

$$\mathbf{y} \cdot \mathbf{N} \leq \mathbf{0}, \ \mathbf{y} \geq \mathbf{0}, \ \mathbf{y} \neq \mathbf{0}.$$

$\qquad\square$

8.2 Überdeckbarkeit von Markierungen

Das dritte Kapitel war der Frage gewidmet, ob eine gegebene Markierung m von einer Anfangsmarkierung m_0 eines Netzes erreichbar ist. Hier stellen wir die etwas allgemeineren Fragen, ob m eine erreichbare Markierung überdeckt oder ob m von einer erreichbaren Markierung überdeckt wird. Eine Markierung m_2 überdeckt eine Markierung m_1, wenn sie jeder Stelle wenigstens soviele Marken zuordnet wie m_1.

Überdeckbarkeitsprobleme haben viele praktische Bedeutungen. Wenn zum Beispiel die Stellen eines Netzes Bedingungen repräsentieren, so mag die Frage interessieren, ob eine Menge A von Bedingungen zugleich erfüllbar sind. Als Überdeckbarkeitsproblem formuliert lautet diese Frage:

Existiert eine erreichbare Markierung, die $\chi(A)$ überdeckt?

Eine derartige Markierung markiert jede Stelle von A wenigstens einfach, während über alle anderen Stellen keine Aussage getroffen wird.

Eine notwendige Bedingung für die Erreichbarkeit einer Markierung ist durch die Lösbarkeit der Markierungsgleichung gegeben. Für die Überdeckbarkeit geben wir ein entsprechendes Ungleichungssystem an. Während für Gleichungssysteme die ganzzahlige Lösbarkeit effizient untersucht werden konnte, ist dies bei Ungleichungen nicht mehr möglich. Wie in Kapitel 2 erwähnt, entspricht die ganzzahlige Lösbarkeit linearer Ungleichungssysteme einer Variante der NP-vollständigen "ganzzahligen linearen Programmierung". Wir betrachten im folgenden die abgeschwächte Fragestellung nach rationalen Lösungen der Ungleichungen. Für lineare Ungleichungssysteme über $\mathbb{Q}$ können effiziente Verfahren der linearen Programmierung angewendet werden.

Wenn in einem markierten Netz eine von der Anfangsmarkierung m_0 erreichbare Markierung existiert, die eine Markierung m überdeckt, dann hat das Ungleichungssystem

$$\mathbf{N} \cdot \mathbf{x} \geq \mathbf{m} - \mathbf{m}_0, \quad \mathbf{x} \geq \mathbf{0}$$

eine Lösung für $\mathbf{x}$, nämlich zum Beispiel den Parikh-Vektor einer Schaltfolge von m_0 nach m.

Satz 8.8

Sei N ein Netz, und seien m_0 und m Markierungen von N.

Wenn das folgende Ungleichungssystem eine Lösung für $\mathbf{y}$ besitzt, dann existiert keine von m_0 erreichbare Markierung, die m überdeckt.

$$\mathbf{y} \cdot \mathbf{N} \leq 0, \; \mathbf{y} \cdot \mathbf{m}_0 < \mathbf{y} \cdot \mathbf{m}, \; \mathbf{y} \geq 0.$$

Beweis:

Anwendung von Farkas Lemma (Version 9) mit $\mathbf{A} = -\mathbf{N}$ und $\mathbf{b} = \mathbf{m}_0 - \mathbf{m}$.

$\square$

Die Situation wird komplexer, wenn eine erreichbare Markierung m' von einer angegebenen Markierung m überdeckt werden soll. In diesem Fall gilt $\mathbf{m}' \geq 0$ und auch $\mathbf{m}' \leq \mathbf{m}$. Wir betrachten den allgemeineren Fall, daß sowohl eine untere Markierung m_1 als auch eine obere Markierung m_2 vorgegeben sind:

Existiert für gegebene Markierungen m_0, m_1 und m_2 eine von m_0 erreichbare Markierung m, die $\mathbf{m}_1 \leq \mathbf{m}$ und $\mathbf{m} \leq \mathbf{m}_2$ erfüllt?

Die folgende Argumentation verwendet wieder die Markierungsgleichung. Wie zuvor beschränken wir aus Komplexitätsgründen unsere Betrachtungen auf rationale Lösungen des Ungleichungssystems

$$\mathbf{N} \cdot \mathbf{x} \geq \mathbf{m}_1 - \mathbf{m}_0, \; \mathbf{N} \cdot \mathbf{x} \leq \mathbf{m}_2 - \mathbf{m}_0, \; \mathbf{x} \geq 0.$$

Satz 8.9

Sei N ein Netz, und seien m_0, m_1, m_2 Markierungen von N.

Wenn das folgende Ungleichungssystem Lösungen für $\mathbf{y}_1$ und $\mathbf{y}_2$ besitzt, dann existiert keine von m_0 erreichbare Markierung, die m_1 überdeckt und zugleich von m_2 überdeckt wird.

$$\mathbf{y}_1 \cdot \mathbf{N} \geq \mathbf{y}_2 \cdot \mathbf{N}, \; \mathbf{y}_1 \cdot (\mathbf{m}_2 - \mathbf{m}_0) < \mathbf{y}_2 \cdot (\mathbf{m}_0 - \mathbf{m}_1), \; \mathbf{y}_1 \geq 0, \; \mathbf{y}_2 \geq 0.$$

Beweis:

Die Aussage folgt aus Farkas Lemma (Variante 9) mit

$$\mathbf{A} = \begin{bmatrix} \mathbf{N} \\ -\mathbf{N} \end{bmatrix}, \; \mathbf{b} = \begin{bmatrix} \mathbf{m}_2 - \mathbf{m}_0 \\ \mathbf{m}_0 - \mathbf{m}_1 \end{bmatrix}.$$

$\square$

8.3 Schalthäufigkeiten

Nichtnegative ganzzahlige Lösungen der Markierungsgleichung für eine Markierung m bzw. entsprechende Ungleichungssysteme korrespondieren mit der Häufigkeit von Transitionen in Schaltfolgen von der Anfangsmarkierung m_0 nach m. Diese Häufigkeiten können auch direkt berücksichtigt werden. So lassen sich quantitative Aspekte der Erreichbarkeit von m in die Analyse einbeziehen, indem Gleichungs- bzw. Ungleichungssysteme um obere oder untere Schranken für Komponenten des Lösungsvektors ergänzt werden. Zum Beispiel mag die Frage interessant sein, ob eine Markierung m von der Anfangsmarkierung m_0 eines Netzes durch eine Schaltfolge erreichbar ist, in der eine bestimmte Transition t wenigstens einmal vorkommt:

$$\mathbf{m}_0 + \mathbf{N} \cdot \mathbf{x} = \mathbf{m}, \ \mathbf{e}_t \cdot \mathbf{x} \geq 1,$$

oder deren Länge durch eine obere Schranke k begrenzt ist

$$\mathbf{m}_0 + \mathbf{N} \cdot \mathbf{x} = \mathbf{m}, \ (1,\dots,1) \cdot \mathbf{x} \leq k.$$

Im allgemeinen kann man jede Markierungsgleichung oder die entsprechenden Ungleichungssysteme um beliebige lineare Bedingungen über den Lösungsvektor ergänzen. Eine äquivalente Möglichkeit ist die Erweiterung des betrachteten Netzes um zusätzliche Stellen. Zum Beispiel kann eine anfangs unmarkierte Stelle ergänzt werden, deren Vorbereich eine Menge von Transitionen enthält und deren Nachbereich leer ist. Durch untere und obere Schranken für die Markenzahl auf dieser Stelle lassen sich Aussagen über die Schalthäufigkeit von Transitionen der betrachteten Transitionsmenge formulieren.

8.4 Terminierung und Lebendigkeit

Satz 2.30 besagt, daß jedes Netz mit lebendiger und beschränkter Anfangsmarkierung eine positive Transitionsinvariante besitzt. Verwandte Aussagen werden in diesem Abschnitt gezeigt.

Proposition 8.10

Ein Netz N hat genau dann eine Anfangsmarkierung m_0 und eine von m_0 aktivierte unendliche Schaltfolge, wenn das folgende Ungleichungssystem eine Lösung besitzt:

$$\mathbf{N} \cdot \mathbf{x} \geq 0, \ \mathbf{x} \geq 0, \ \mathbf{x} \neq 0.$$

Beweis:

($\Rightarrow$)

Sei m_0 eine Markierung von N, die eine unendliche Schaltfolge aktiviert.

Sei $m_0, m_1, m_2, \ldots$ die Sequenz der in dieser Schaltfolge erreichten Markierungen. Wegen Dickson's Lemma (Lemma 8.1) existieren m_i und m_j aus dieser Sequenz mit $\mathbf{m}_i \leq \mathbf{m}_j$ derart, daß eine Schaltfolge $m_i \xrightarrow{\sigma} m_j$ existiert. Der Parikh-Vektor dieser Schaltfolge ist eine Lösung des in der Aussage angegebenen Ungleichungssystems.

($\Leftarrow$)

Wegen Lemma 2.15 existiert eine Markierung m_0 von N, die σ aktiviert. Da die nach σ erreichte Markierung m' die Ungleichung $\mathbf{m}' \geq \mathbf{m}_0$ erfüllt, aktiviert auch sie die Sequenz σ. Die unendlich häufige Iteration von σ ergibt eine unendliche Schaltfolge, die von m_0 aktiviert wird. $\qquad\square$

Wenn eine Anfangsmarkierung eines Netzes keine unendliche Schaltfolge aktiviert, dann terminiert das markierte Netz notwendigerweise. Die Terminierung für jede beliebige Anfangsmarkierung wird im folgenden Satz charakterisiert.

Satz 8.11

> *Ein Netz N hat genau dann für keine Anfangsmarkierung eine unendliche Schaltfolge, wenn das folgende Ungleichungssystem eine Lösung hat:*

$$\mathbf{y} \cdot \mathbf{N} < \mathbf{0}, \, \mathbf{y} \geq \mathbf{0}.$$

Beweis:

Proposition 8.10 und Farkas Lemma (Variante 2) mit $\mathbf{A} = \mathbf{N}^{\mathsf{T}}$. $\qquad\square$

Eine Lösung $\mathbf{k}$ für $\mathbf{y}$ im vorigen Satz entspricht einer Abstiegsfunktion bei Terminierungsbeweisen von Algorithmen. Die Multiplikation der Markierungsgleichung mit $\mathbf{k}$ ergibt

$$\mathbf{k} \cdot \mathbf{m}_0 + \mathbf{k} \cdot \mathbf{N} \cdot \mathbf{x} = \mathbf{k} \cdot \mathbf{m}$$

Wegen $\mathbf{k} \cdot \mathbf{N} < \mathbf{0}$ ist das Produkt $\mathbf{k} \cdot \mathbf{m}$ für jede nichtleere Schaltfolge von m_0 nach m kleiner als $\mathbf{k} \cdot \mathbf{m}_0$. Es wird nie negativ, da $\mathbf{k} \geq \mathbf{0}$ und $\mathbf{m} \geq \mathbf{0}$ für jede Markierung m gilt.

Satz 8.12

Sei N ein Netz.

(1) *Wenn N eine verklemmungsfreie und beschränkte Markierung besitzt, dann hat das folgende Ungleichungssystem keine Lösung für $\mathbf{y}$ in $\mathbb{Q}^*$.*

$$\mathbf{y} \cdot \mathbf{N} < \mathbf{0}.$$

(2) *Wenn N eine verklemmungsfreie Markierung besitzt, dann hat das folgende Ungleichungssystem keine Lösung für $\mathbf{y}$ in $\mathbb{Q}^*$.*

$$\mathbf{y} \cdot \mathbf{N} < \mathbf{0},\ \mathbf{y} \geq \mathbf{0}.$$

(3) *Wenn eine Transition t für eine beschränkte Anfangsmarkierung lebendig ist, dann hat das folgende Ungleichungssystem keine Lösung für $\mathbf{y}$ in $\mathbb{Q}^*$.*

$$\mathbf{y} \cdot \mathbf{N} \leq -\mathbf{e}_t.$$

(4) *Wenn eine Transition t für eine Anfangsmarkierung lebendig ist, dann hat das folgende Ungleichungssystem keine Lösung für $\mathbf{y}$ in $\mathbb{Q}^*$.*

$$\mathbf{y} \cdot \mathbf{N} \leq -\mathbf{e}_t,\ \mathbf{y} \geq \mathbf{0}.$$

(5) *Wenn N eine lebendige und beschränkte Markierung besitzt, dann hat das folgende Ungleichungssystem keine Lösung für $\mathbf{y}$ in $\mathbb{Q}^*$.*

$$\mathbf{y} \cdot \mathbf{N} \leq \mathbf{0},\ \mathbf{y} \cdot \mathbf{N} \neq \mathbf{0}.$$

(6) *Wenn N eine lebendige Markierung besitzt, dann hat das folgende Ungleichungssystem keine Lösung für $\mathbf{y}$ in $\mathbb{Q}^*$.*

$$\mathbf{y} \cdot \mathbf{N} \leq \mathbf{0},\ \mathbf{y} \cdot \mathbf{N} \neq \mathbf{0},\ \mathbf{y} \geq \mathbf{0}.$$

Beweis:

(1) Wegen Satz 2.30 (1) hat N eine Transitionsinvariante $\mathbf{j} \geq \mathbf{0}$, $\mathbf{j} \neq \mathbf{0}$. Die Aussage folgt mit Farkas Lemma (Variante 1) mit $\mathbf{A} = \mathbf{N}^\mathsf{T}$.

(2) Wenn eine verklemmungsfreie Markierung existiert, dann aktiviert diese Markierung eine unendliche Schaltfolge. Die Aussage folgt wegen Proposition 8.10 und Farkas Lemma (Variante 2) mit $\mathbf{A} = \mathbf{N}^\mathsf{T}$.

(3) Da die Transition t lebendig ist, existiert eine Schaltfolge, in der t unendlich oft vorkommt. Wir betrachten nun die unendliche Sequenz der Markierungen, die jeweils nach dem Schalten von t erreicht werden. Wegen Lemma 8.1 gibt es Markierungen m_i und m_j in dieser Sequenz, so daß m_j von m_i erreichbar ist und $\mathbf{m}_j \geq \mathbf{m}_i$ gilt. Da die Anfangsmarkierung beschränkt ist, gilt $\mathbf{m}_i = \mathbf{m}_j$. Die Schaltfolge zwischen diesen Markierungen enthält die Transition t. Also existiert eine nichtnegative Transitionsinvariante $\mathbf{j}$ mit $\mathbf{j} > \mathbf{e}_t$. Die Aussage folgt mit Farkas Lemma (Variante 8) mit $\mathbf{A} = \mathbf{N}^\mathsf{T}$ und $\mathbf{b} = -\mathbf{e}_t$.

(4) Wir finden wie im Beweis von (3) erreichbare Markierungen m_i und m_j, so daß m_j von m_i erreichbar ist und $\mathbf{m}_j \geq \mathbf{m}_i$ gilt und die Schaltfolge zwischen diesen Markierungen die Transition t enthält. Also existiert eine Lösung des Gleichungssystems $\mathbf{N} \cdot \mathbf{x} \geq \mathbf{0}$ mit $\mathbf{x} > \mathbf{e}_t$. Die Aussage folgt mit Farkas Lemma (Variante 9) mit $\mathbf{A} = \mathbf{N}^\mathsf{T}$ und $\mathbf{b} = -\mathbf{e}_t$.

(5) Wegen Satz 2.30 (2) besitzt das Netz eine positive Transitionsinvariante $\mathbf{j}$. Die Aussage folgt mit Farkas Lemma (Variante 3) mit $\mathbf{A} = \mathbf{N}^\mathsf{T}$.

(6) Wir konstruieren wie im Beweis von Satz 2.30 (2) eine unendliche Sequenz endlicher Schaltfolgen, in der jeweils alle Transitionen vorkommen. Wir betrachten nun die Sequenz der Markierungen, die jeweils nach diesen Schaltfolgen erreicht werden. Wegen Lemma 8.1 gibt es Markierungen m_i und m_j in dieser Sequenz, so daß m_j von m_i erreichbar ist und $\mathbf{m}_j \geq \mathbf{m}_i$ gilt. In der Schaltfolge von m_i nach m_j kommen alle Transitionen vor. Also erfüllt ihr Parikh-Vektor das Ungleichungssystem $\mathbf{N} \cdot \mathbf{x} \geq \mathbf{0}$, $\mathbf{x} > \mathbf{0}$. Die Aussage folgt mit Farkas Lemma (Variante 4) mit $\mathbf{A} = \mathbf{N}^\mathsf{T}$. $\qquad\qquad\square$

8.5   Abhängigkeit und Synchronieabstand

Eine Stelle s eines markierten Netzes ist ohne Auswirkung auf das Verhalten, wenn sie in jeder erreichbaren Markierung wenigstens eine Marke trägt. Man kann eine derartige Stelle entfernen, ohne die Schaltfolgen oder die erreichbaren Markierungen zu verändern. Dazu ist aber im allgemeinen nicht notwendig, daß die Stelle s stets markiert bleibt. Es reicht aus, daß sie in keiner erreichbaren Markierung allein dafür verantwortlich ist, daß eine Transition nicht aktiviert ist. Eine derartige Stelle s wird in einem markierten Netz *implizit* genannt.

Umgekehrt kann man ohne Konsequenzen für das Verhalten eines markierten Netzes eine passend markierte Stelle zu einem Netz hinzufügen, wenn sie dann eine implizite Stelle des erweiterten markierten Netzes darstellt. Wenn eine Stelle s in einem markierten Netz implizit ist, dann besteht in dem Netz (mit oder ohne s) eine Abhängigkeitsbeziehung zwischen den Transitionen in $^{\bullet}s$ und den Transitionen in $s^{\bullet}$. Für jede Anfangsmarkierung von s können Transitionen aus $s^{\bullet}$ nicht unendlich oft schalten, ohne daß auch eine Transition aus $^{\bullet}s$ schaltet. Wir geben im folgenden Satz eine hinreichende Bedingung für diese Abhängigkeitsbeziehung an.

Satz 8.13

Sei N ein Netz und seien U_1, U_2 zwei Mengen von Transitionen von N. Wenn das Ungleichungssystem

$$\mathbf{y} \cdot \mathbf{N} \leq \chi(U_1) - \chi(U_2), \; \mathbf{y} \geq \mathbf{0}$$

eine rationale Lösung hat, dann kommen in keiner Schaltfolge Transitionen aus U_2 unendlich oft und Transitionen aus U_1 nur endlich oft vor (wobei die Schaltfolgen von beliebigen Markierungen von N aktiviert werden können).

Beweis:

Wir zeigen die Kontraposition.

Sei σ eine Schaltfolge, in der Transitionen aus U_2 unendlich oft vorkommen und Transitionen aus U_1 nur endlich oft vorkommen. Wir können σ zerlegen in einen endlichen Anfangsteil und einen unendlichen zweiten Teil derart, daß Transitionen aus U_1 im zweiten Teil nicht vorkommen. Diesen Teil können wir wiederum in unendlich viele endliche Teile zerlegen, die jeweils wenigstens eine Transition aus U_2 enthalten. Wir betrachten nun die unendliche Sequenz der Markierungen, die jeweils nach diesen Teilstücken erreicht werden. Wegen Lemma 8.1 existieren Markierungen m_i und m_j in dieser Sequenz derart, daß $\mathbf{m}_i \leq \mathbf{m}_j$ gilt und eine nichtleere Schaltfolge von m_i nach m_j führt. Der Parikh-Vektor dieser Schaltfolge ist eine Lösung des Ungleichungssystems

$$\mathbf{N} \cdot \mathbf{x} \geq \mathbf{0}, \; \mathbf{x} \cdot \chi(U_2) > 0, \; \mathbf{x} \cdot \chi(U_1) = 0, \; \mathbf{x} \geq \mathbf{0}.$$

Variante 9 von Farkas Lemma mit $\mathbf{A} = \mathbf{N}^{\mathsf{T}}$ und $\mathbf{b} = \chi(U_1) - \chi(U_2)$ ergibt die folgende Aussage: Wenn obiges Ungleichungssystem lösbar ist, dann nicht das folgende:

$$\mathbf{y} \cdot \mathbf{N} \leq \chi(U_1) - \chi(U_2), \; \mathbf{y} \geq \mathbf{0}$$

$\square$

Satz 8.14

Sei N ein Netz mit beschränkter Anfangsmarkierung m_0 und seien U_1, U_2 zwei Mengen von Transitionen von N.
Wenn das Ungleichungssystem

$$\mathbf{y} \cdot \mathbf{N} \leq \chi(U_1) - \chi(U_2)$$

eine rationale Lösung hat, dann kommen in keiner Schaltfolge Transitionen aus U_2 unendlich oft und Transitionen aus U_1 nur endlich oft vor, wobei die Schaltfolgen von beliebigen von m_0 erreichbaren Markierungen von N aktiviert werden.

Beweis:

Analog zum Beweis des vorigen Satzes.

Aufgrund der Beschränktheit finden wir hier eine Teilfolge der betrachteten Schaltfolge σ, die eine Transition aus U_2 enthält, keine Transition aus U_1 enthält, und deren Parikh-Vektor eine Lösung des Ungleichungssystems

$$\mathbf{N} \cdot \mathbf{x} = \mathbf{0}, \ \mathbf{x} \cdot \chi(U_2) > 0, \ \mathbf{x} \cdot \chi(U_1) = 0, \ \mathbf{x} \geq \mathbf{0}$$

ist. Die Anwendung der Variante 8 von Farkas Lemma liefert das Ergebnis.

$\square$

Bei einer beschränkten Anfangsmarkierung ist die Menge erreichbarer Markierungen endlich. Sei k die Anzahl erreichbarer Markierungen. Wenn die Voraussetzungen von Satz 8.14 gegeben sind, dann kann keine Transition aus U_2 k mal schalten, ohne daß eine Transition aus U_1 schaltet; andernfalls würde eine Markierung mehrfach erreicht, und es ließe sich eine unendliche Schaltfolge konstruieren, die Transitionen aus U_2 unendlich häufig enthält und keine Transitionen aus U_1 enthält.

Die Lösungen $\mathbf{k}$ des Ungleichungssystems $\mathbf{y} \cdot \mathbf{N} \leq \chi(U_1) - \chi(U_2)$ in den vorigen beiden Sätzen haben die folgende Interpretation: Der Vektor $\mathbf{k} \cdot \mathbf{N}$ ist eine Linearkombination der Zeilen der Matrix $\mathbf{N}$. Dieser Linearkombination entspricht eine zusätzliche Stelle s des Netzes, deren Ein- und Ausgangstransitionen aus den Ein- und Ausgangstransitionen anderer Stellen entsprechend den Koeffizienten der Linearkombination kombiniert werden können. Für jede Schaltfolge ist die Veränderung der Markenzahl auf der Stelle s entsprechend eine Linearkombination der Veränderungen anderer Stellen. Wenn $\mathbf{k} \geq \mathbf{0}$ gefordert ist (wie in Satz 8.13), hat die Linearkombination nur positive Koeffizienten. In diesem Fall ist es möglich, mit einer hinreichend großen Anfangsmarkierung für s sicherzustellen, daß s stets markiert bleibt und demnach implizit ist. Wenn $\mathbf{k}$ auch negative Komponenten haben kann, ist dies im allgemeinen nicht mehr möglich: Die Markenzahl kann sinken, wenn auf anderen Stellen die Markenzahl steigt. Im Falle beschränkter Stellen ist dieser Effekt jedoch nur eingeschränkt möglich, so daß für beschränkte Anfangsmarkierungen der Lösungsvektor $\mathbf{k}$ beliebig sein darf (Satz 8.14). Die zusätzliche Stelle hat ausschließlich Transitionen aus U_1 im Vorbereich und alle Transitionen aus U_2 im Nachbereich. Also können U_2-Transitionen nur dann unendlich oft schalten, wenn U_1-Transitionen dies auch tun.

Wenn zwei Mengen U_1 und U_2 gegenseitig abhängig sind, lassen sich obige Ungleichungssysteme verdoppeln. Eine stärkere Kopplung der Transitionsmengen ist durch *Synchronieabstände* definiert: Wir betrachten eine zusätzliche Stelle s eines markierten Netzes, die nicht nur das Verhalten des Netzes nicht beeinflussen soll, sondern außerdem beschränkt ist. Dann variiert die Markenzahl auf s zwischen einer unteren Schranke d_1 und einer oberen Schranke d_2. Die Differenz dieser beiden Schranken gibt den Synchronieabstand zwischen den Transitionsmengen ${}^\bullet s$ und $s^\bullet$ an. Zusätzlich erlauben wir die Gewichtung der Transitionen mit positiven ganzen Zahlen – dies entspricht Gewichten der Kanten an der zusätzliche Stelle s.

Definition 8.15

Sei N ein Netz mit Anfangsmarkierung m_0, und seien U_1 und U_2 zwei Mengen von Transitionen von N. Seien $\mathbf{u_1}$ und $\mathbf{u_2}$ nichtnegative ganzzahlige Transitionenvektoren mit Trägermengen U_1 und U_2.

Der bezüglich $\mathbf{u_1}$ und $\mathbf{u_2}$ gewichtete Synchronieabstand von U_1 und U_2 ist definiert durch

$$\mathcal{D}(\mathbf{u_1}, \mathbf{u_2}) = \max(\mathbf{u_1} \cdot \vec{\sigma_1} - \mathbf{u_2} \cdot \vec{\sigma_1} - \mathbf{u_1} \cdot \vec{\sigma_2} + \mathbf{u_2} \cdot \vec{\sigma_2})$$

wobei σ_1 und σ_2 über von m_0 aktivierten endlichen Schaltfolgen variieren, falls ein solches Maximum existiert.

Falls ein derartiger Synchronieabstand zwischen U_1 und U_2 nicht existiert, schreiben wir $\mathcal{D}(\mathbf{u_1}, \mathbf{u_2}) = \infty$.

Satz 8.16

Sei N ein Netz mit beschränkter Anfangsmarkierung m_0, und seien $\mathbf{u_1}$ und $\mathbf{u_2}$ nichtnegative ganzzahlige Transitionsvektoren von N.

Wenn $\mathbf{y} \cdot \mathbf{N} = \mathbf{u_1} - \mathbf{u_2}$ eine Lösung hat, dann ist $\mathcal{D}(\mathbf{u_1}, \mathbf{u_2})$ endlich.

Beweis:

Sei $\mathbf{k}$ eine Lösung für $\mathbf{y}$ in $\mathbf{y} \cdot \mathbf{N} = \mathbf{u}_1 - \mathbf{u}_2$. Wir betrachten zwei beliebige endliche Schaltfolgen $m_0 \xrightarrow{\sigma_1} m_1$ und $m_0 \xrightarrow{\sigma_2} m_2$.

Einsetzen in die definierende Gleichung des Synchronie-Abstandes ergibt:

$$
\begin{aligned}
(\mathbf{u}_1 \cdot \vec{\sigma_1} &- \mathbf{u}_2 \cdot \vec{\sigma_1} - \mathbf{u}_1 \cdot \vec{\sigma_2} + \mathbf{u}_2 \cdot \vec{\sigma_2}) \\
&= (\mathbf{u}_1 - \mathbf{u}_2) \cdot (\vec{\sigma_1} - \vec{\sigma_2}) \\
&= (\mathbf{k} \cdot \mathbf{N}) \cdot (\vec{\sigma_1} - \vec{\sigma_2}) \\
&= \mathbf{k} \cdot (\mathbf{N} \cdot \vec{\sigma_1} - \mathbf{N} \cdot \vec{\sigma_2}) \\
&= \mathbf{k} \cdot (\mathbf{m}_1 - \mathbf{m}_0) - (\mathbf{m}_2 - \mathbf{m}_0) \\
&= \mathbf{k} \cdot (\mathbf{m}_1 - \mathbf{m}_2)
\end{aligned}
$$

Da das Netz eine beschränkte Anfangsmarkierung hat, gibt es nur endlich viele erreichbare Markierungen. Also existiert auch eine obere Schranke für den Wert $\mathbf{k} \cdot (\mathbf{m}_1 - \mathbf{m}_2)$, die unabhängig von den Markierungen m_1 und m_2 ist. Die kleinste derartige Schranke gibt den Synchronieabstand $\mathcal{D}(\mathbf{u}_1, \mathbf{u}_2)$ an.

$\square$

Korollar 8.17

Sei N ein Netz mit beschränkter Anfangsmarkierung m_0, und seien $\mathbf{u}_1$ und $\mathbf{u}_2$ nichtnegative ganzzahlige Transitionsvektoren von N.

Wenn für jede Transitionsinvariante $\mathbf{j}$ die Gleichung

$$(\mathbf{u}_1 - \mathbf{u}_2) \cdot \mathbf{j} = 0$$

gilt, dann ist der Synchronieabstand $\mathcal{D}(\mathbf{u}_1, \mathbf{u}_2)$ endlich.

Beweis:

Die Aussage folgt unmittelbar aus Satz 8.16 und dem Satz von Fredholm [Schr86], den wir in der Einleitung schon auf Stelleninvarianten angewandt haben.

$\square$

Die Aussage des letzten Korollars läßt sich auch unschwer direkt zeigen und dabei auf nichtnegative und ganzzahlige Transitionsinvarianten verschärfen. Es sind sogar nur solche Transitionsinvarianten zu betrachten, die realisierbar sind, also einer ausführbaren Schaltfolge entsprechen.

Literaturangaben

Eine Verbindung von Petrinetzen und linearer Programmierung wurde bereits (für den einfachen Fall der Synchronisationsgraphen) in [GeLa73] hergestellt. Eine weitere frühe Quelle für derartige Beziehungen ist [Sifa79]. Die Bücher [Bram83], [MeRo80], [Mura89] und [Star91] enthalten jeweils einige der hier angegebenen Ergebnisse. Vielfach werden dort linear-algebraische Verfahren mit anderen Verfahren kombiniert.

Lemma 8.1 (Dickson's Lemma) wurde zuerst in [KaMi69] für die Konstruktion des Überdeckbarkeitsgraphen eines markierten Netzes angegeben. Es impliziert, daß die Beschränktheit einer Markierung eines Netzes entscheidbar ist.

In [Espa92] werden lineare Ungleichungssysteme zur Entscheidung von Überdeckbarkeit von Markierungen in *konfliktfreien* Petrinetzen verwendet.

Die hier betrachtete Kombination von Stellen und Häufigkeiten von Transitionen in Schaltfolgen wurde in [BeEs92] angeregt.

Das Konzept impliziter Stellen geht auf [Silv80] zurück. Abhängigkeitsbeziehungen werden in [SiMu92] ausführlich betrachtet. Synchronieabstände wurden von Petri vorgeschlagen [Petr76]. Die Verbindung zwischen gewichteten Synchronieabständen und Transitionsinvarianten wurde zuerst in [Laut77] gezeigt und wird auch in [GoRe82], [Golt87], [Reis86] und in [Star91] beschrieben. Unter den vielen verschiedenen publizierten Definitionen von Synchronieabstand haben wir hier die Version aus [Dese88a] gewählt. [Silv87], [SiCo88] und [Dese88a] haben für unterschiedliche Definitionen von Synchronieabstand die hier angegebene hinreichende Bedingung für die Existenz endlicher Synchronieabstände gezeigt.

Literatur

[AlTo85]   H. Alaiwan und J.-M. Toudic. Recherche des semi-flots, des verrous et des trappes dans les réseaux de Petri. *Technique et Science Informatiques*, 4(1):103–112, 1985.

[AvCB91]   G. S. Avrunin, J. C. Corbett und U. A. Buy. Integer programming in the analysis of concurrent systems. In K. G. Larsen und A. Skou (Hrsg.), *Computer Aided Verification*, Band 575 der Serie *Lecture Notes in Computer Science*, S. 92–102. Springer–Verlag, 1991.

[Baum90]   B. Baumgarten. *Petri-Netze – Grundlagen und Anwendungen*. BI Wissenschaftsverlag, 1990.

[BCOQ92]   F. Bacelli, G. Cohen, G. J. Olsder und J.-P. Quadrat. *Synchronization and Linearity – An Algebra for Discrete Event Systems*. Wiley, 1992.

[BeEs92]   E. Best und J. Esparza. Model checking of persistent Petri nets. In E. Börger, G. Jäger, H. Kleine Büning und M. M. Richter (Hrsg.), *Computer Science Logic*, Band 626 der Serie *Lecture Notes in Computer Science*, S. 35–52. Springer–Verlag, 1992.

[Best82]   E. Best. Representing a program invariant as a linear invariant in a Petri net. *EATCS Bulletin* 17:2–11, 1982.

[Best95]   E. Best. *Semantik – Theorie sequentieller und paralleler Programmierung*. Vieweg, 1995.

[Bram83]   G. W. Brams. *Réseaux de Petri: Théorie et pratique - tome 1*. Masson, Paris, 1983.

[CaCS91]   G. Campos, G. Chiola und M. Silva. Properties and performance bounds for closed free choice synchronized monoclass queueing networks. *IEEE Transactions on Automation and Control*, 36(12):1368–1382, 1991.

[CaLM76] E. Cardoza, R. Lipton und R. Meyer. Exponential space complete problems for Petri nets and commutative semigroups. In *8th ACM Symposium in Theory of Computing* IEEE, S. 50–54, 1976.

[CHEP71] F. Commoner, A. W. Holt, S. Even und A. Pnueli. Marked directed graphs. *Journal of Computer and System Sciences*, 9(2):72–79, 1971.

[Chvá83] V. Chvátal. *Linear Programming*. Freeman, 1983.

[ClFo89] J. Clausen und A. Fortenbacher. Efficient solution of linear diophantine equations. *Journal of Symbolic Computation*, 8:201–216, 1989.

[CoAv95] J. C. Corbett und G. S. Avrunin. Using Integer Programming to verify general safety and liveness properties. *Formal Methods in System Design*, 6(1):97–123, 1995.

[CoCS90] J. M. Colom, J. Campos und M. Silva. On liveness analysis through linear algebraic techniques. Dpto. Ing. Electrica e Informatica, Universidad de Zaragoza RR 90-11, 1990.

[Comm72] F. Commoner. *Deadlocks in Petri nets*. Applied Data Research, Inc., Wakefield, Massachusetts, Report CA-7206-2311, (1972).

[CoSi91a] J. M. Colom und M. Silva. Convex geometry and semiflows in P/T–nets. A comparative study of algorithms for computation of minimal P–semiflows. In G. Rozenberg (Hrsg.), *Advances in Petri Nets 1990*, Band 483 der Serie *Lecture Notes in Computer Science*, S. 79–112. Springer–Verlag, 1991.

[CoSi91b] J. M. Colom und M. Silva. Improving the linearly based characterization of P/T nets. In G. Rozenberg (Hrsg.), *Advances in Petri Nets 1990*, Band 483 der Serie *Lecture Notes in Computer Science*, S. 113–145. Springer–Verlag, 1991.

[DeEs93] J. Desel und J. Esparza. Reachability in cyclic extended free choice systems. *Theoretical Computer Science*, 114:93–118, 1993.

[DeEs95] J. Desel und J. Esparza. *Free Choice Petri Nets*, Band 40 der Serie *Cambridge Tracts in Theoretical Computer Science*. Cambridge University Press, 1995.

[DeNR96] J. Desel, K.-P. Neuendorf und M.-D. Radola. Proving non-reachability by modulo-invariants. *Theoretical Computer Science*, 153:49–64, 1996.

[Dese85] J. Desel. Another boatman story. *GI Petri Net Newsletter*, 22:3–6, 1985.

[Dese88a] J. Desel. *Synchronie-Abstand in Stellen/Transitionen-Systemen.* Arbeitspapiere der Gesellschaft für Mathematik und Datenverarbeitung, Bonn Nr. 341, 1988.

[Dese88b] J. Desel. Wanted: Dead or alive? *GI Petri Net Newsletter*, 29:0–2, 1988.

[Dese91] J. Desel. On the power of place–invariants. *GI Petri Net Newsletter*, 40:4–6, 1991.

[Dese92] J. Desel. A proof of the rank theorem for extended free choice nets. In K. Jensen (Hrsg.), *Application and Theory of Petri Nets*, Band 616 der Serie *Lecture Notes in Computer Science*, S. 134–153. Springer–Verlag, 1992.

[Dese94] J. Desel. Regular marked Petri nets. In J. van Leeuwen (Hrsg.), *Graph-Theoretic Concepts in Computer Science*, Band 790 der Serie *Lecture Notes in Computer Science*, S. 264–275. Springer–Verlag, 1994.

[DKVW95] J. Desel, E. Kindler, T. Vesper und R. Walter. A simplified proof for a self-stabilizing protocol: A Game of Cards. *Information Processing Letters*, 54:327–328, 1995.

[EsBr96] J. Esparza und G. Bruns. Trapping mutual exclusion in the box calculus. *Theoretical Computer Science*, 153:95–128, 1996.

[EsMe96] J. Esparza und S. Melzer. Checking system properties via Integer Programming. In Hanne Riis Nielson (Hrsg.), *ESOP'96*, Band 1058 der Serie *Lecture Notes in Computer Science*, S. 250-264. Springer–Verlag, 1996.

[EsNi94] J. Esparza und M. Nielsen. Decidability issues for Petri nets. *GI Petri Net Newsletter*, 47:5–23, 1994.

[Espa90] J. Esparza. Synthesis rules for Petri nets, and how they lead to new results. *CONCUR 90*, Band 458 der Serie *Lecture Notes in Computer Science*, S. 182–198. Springer–Verlag, 1990.

[Espa92] J. Esparza. A solution to the covering problem for 1-bounded conflict-free Petri nets using Linear Programming. *Information Processing Letters*, 41:313–319, 1992.

[EzCS93] J. Ezpeleta, J. M. Couvreur und M. Silva. A new technique for finding a generating family of siphons, traps and ST-components. Application to Colored Petri nets. In G. Rozenberg (Hrsg.), *Advances in Petri Nets 1993*, Band 674 der Serie *Lecture Notes in Computer Science*, S. 126–147. Springer–Verlag, 1993.

[Fark02] J. Farkas. Theorie der einfachen Ungleichungen. *Journal für reine und angewandte Mathematik*, 124:1–27, 1902.

[GeLa73] H. J. Genrich und K. Lautenbach. Synchronisationsgraphen. *Acta Informatica*, 2:143–161, 1973.

[Golt87] U. Goltz. Synchronic Distance. In W. Brauer, W. Reisig und G. Rozenberg (Hrsg.), *Petri Nets: Central Models and their Properties, Advances in Petri Nets 1986, Part I*, Band 254 der Serie *Lecture Notes in Computer Science*, S. 338–358. Springer–Verlag, 1987.

[GoRe82] U. Goltz und W. Reisig. Weighted Synchronic Distance. In C. Girault, W. Reisig (Hrsg.), *Application and Theory of Petri Nets*, Band 52 der Serie *Informatik Fachberichte*, Springer–Verlag, S. 289–300, 1982.

[Hack72] T. M. Hack. Analysis of production schemata by Petri nets. MIT, technical report No. 94, 1972.

[Jant87] M. Jantzen. Complexity of place/transition nets. In W. Brauer, W. Reisig und G. Rozenberg (Hrsg.), *Petri Nets: Central Models and their Properties, Advances in Petri Nets 1986, Part I*, Band 254 der Serie *Lecture Notes in Computer Science*, S. 413–435. Springer–Verlag, 1987.

[JaVa80] M. Jantzen und R. Valk. Formal properties of place/transition nets. In W. Brauer (Hrsg.), *Net Theory and Applications*, Band 84 der Serie *Lecture Notes in Computer Science*, S. 165–212. Springer–Verlag, 1980.

[KaBa79] R. Kannan und A. Bachem. Polynomial algorithms for computing the Smith and Hermite normal forms of an integer matrix. *SIAM Journal on Computing*, 8:499–507, 1979.

[KaMi69]   R. Karp und R. Miller. Parallel program schemata. *Journal of Computer and System Sciences*, 3(4):167–195, 1969.

[KiWa95]   E. Kindler und R. Walter. Message passing mutex. In J. Desel (Hrsg.), *Structures in Concurrency Theory, Workshops in Computing*, S. 205–219, Springer-Verlag, 1995.

[KrJa87]   F. Krückeberg und M. Jaxy. Mathematical methods for calculating invariants in Petri nets. In G. Rozenberg (Hrsg.), *Advances in Petri Nets 1987*, Band 266 der Serie *Lecture Notes in Computer Science*, S. 104–131. Springer–Verlag, 1987.

[LaMa89]   J. B. Lasserre und P. Mahey. Using Linear Programming in Petri net analysis. *Operations Research*, 23(1):43–50, 1989.

[Lamp77]   L. Lamport. Proving the correctness of multiprocess programs. *IEEE Transactions on Software Engineering* SE-4(2):125–143,1977.

[LaRi94]   K. Lautenbach und H. Ridder. Liveness in bounded Petri nets which are covered by T-invariants. In R. Valette (Hrsg.), *Application and Theory of Petri Nets*, Band 815 der Serie *Lecture Notes in Computer Science*, S. 358–375. Springer–Verlag, 1994.

[LaSc74]   K. Lautenbach und H. A. Schmidt. Use of Petri nets for proving correctness of concurrent process systems. In *IFIP Congress 1974*, S. 187–191. North–Holland, 1974.

[Laut75]   K. Lautenbach. Liveness in Petri nets. GMD-ISF 75-02.1, Gesellschaft für Mathematik und Datenverarbeitung, Bonn, 1975.

[Laut77]   K. Lautenbach. Ein kombinatorischer Ansatz zur Beschreibung und Erreichung von Fairneß in Scheduling-Problemen. *Applied Computer Science* 8:228–250, 1977.

[Laut85]   K. Lautenbach. On logical and linear dependencies. GMD-Bericht Nr. 147, Gesellschaft für Mathematik und Datenverarbeitung, Bonn, 1985.

[Laut87a]   K. Lautenbach. Linear algebraic techniques for place/transition nets. In W. Brauer, W. Reisig und G. Rozenberg (Hrsg.), *Petri Nets: Central Models and their Properties, Advances in Petri Nets 1986, Part I*, Band 254 der Serie *Lecture Notes in Computer Science*, S. 142–167. Springer–Verlag, 1987.

[Laut87b]   K. Lautenbach. Linear algebraic calculation of deadlocks and traps. In H. J. Genrich, K. Voss und G. Rozenberg (Hrsg.), *Concurrency and Nets*, S. 315–336. Springer–Verlag, 1987.

[Lien76]   Y. E. Lien. Termination properties of generalized Petri nets. *SIAM Journal on Computing*, 5(2):251–265, 1976.

[MaSi82]   J. Martinez und M. Silva. A simple and fast algorithm to obtain all invariants of a generalized Petri net. In C. Girault und W. Reisig (Hrsg.), *Application and Theory of Petri Nets*, Band 52 der Serie *Informatik Fachberichte*, S. 301–310. Springer–Verlag, 1982.

[Mayr84]   E. W. Mayr. An algorithm for the general Petri net reachability problem. *SIAM Journal of Computing* 13:441-460, 1984.

[Memm79]   G. Memmi. Notion de dualité et de symétrie dans les réseaux de petri. In *Semantics on concurrent computation*, Band 70 der Serie *Lecture Notes in Computer Science*, S. 91–108. Springer–Verlag, 1979.

[MeRo80]   G. Memmi und G. Roucairol. Linear algebra in net theory. In W. Brauer (Hrsg.), *Net Theory and Applications*, Band 84 der Serie *Lecture Notes in Computer Science*, S. 213–223. Springer–Verlag, 1980.

[MeVa87]   G. Memmi und J. Vautherin. Analysing nets by the invariant method. In W. Brauer, W. Reisig und G. Rozenberg (Hrsg.), *Petri Nets: Central Models and Their Properties, Advances in Petri Nets 1986, Part I*, Band 254 der Serie *Lecture Notes in Computer Science*, S. 300–336. Springer–Verlag, 1987.

[Mura77]   T. Murata. State equation, controllability, and maximal matchings of Petri nets. *IEEE Transactions on Automation and Control*, 22(3):412–416, 1977.

[Mura89]   T. Murata. Petri nets: properties, analysis and applications. *Proc. of the IEEE*, 77(4):541–580, 1989.

[Pasc86]   K.-H. Pascoletti. Diophantische Systeme und Lösungsmethoden zur Bestimmung aller Invarianten in Petri-Netzen. GMD–Berichte Nr. 160, Oldenbourg, 1986.

[Pete77]   J. L. Peterson. Petri nets. *ACM Computing Surveys*, 9(3):223–252, 1977.

[Pete81]   J. L. Peterson. *Petri net Theory and the Modelling of Systems.* Prentice–Hall, Englewood Cliffs, 1981.

[Petr73]   C. A. Petri. Concepts of net theory. In: *Mathematical Foundations of Computer Science*, Proceedings of a symposium and summer school, High Tatras, September 3-8, 1973. Math. Inst. of the Slovak Acad. of Science, S. 137–146, 1973.

[Petr76]   C. A. Petri. Kommunikationsdisziplinen. Berichte der GMD Nr. 111, 1976.

[Petr82]   C. A. Petri. State-transition structure in physics and computation. *International Journal of Theoretical Physics*, 21(10/11):979–992, 1982.

[Ramc74]   C. Ramchandani. *Analysis of asynchronous concurrent systems by Petri nets.* PhD thesis, MIT, Dept. Electrical Engineering, Cambridge, Mass., 1974.

[Reis86]   W. Reisig. *Petrinetze – Eine Einführung.* Zweite Auflage, Springer–Verlag, 1986.

[Reis95]   W. Reisig. Petri net models of distributed systems. In: J. van Leeuwen (Hrsg.), *Computer Science Today*, Band 1000 der Serie *Lecture Notes in Computer Science*, S. 441–454. Springer–Verlag, 1995.

[ReTS95]   L. Recalde, E. Teruel und M. Silva. On well-formed analysis: The case of deterministic systems of sequential processes. In J. Desel (Hrsg.), *Structures in Concurrency Theory*, *Workshops in Computing*, S. 279–293, Springer-Verlag, 1995.

[Schr86]   A. Schrijver. *Theory of Linear and Integer Programming.* Wiley, 1986.

[SiCo88]   M. Silva und J. M. Colom. On the computation of structural synchronic invariants in P/T nets. In G. Rozenberg (Hrsg.), *Advances in Petri Nets 1988*, Band 340 der Serie *Lecture Notes in Computer Science*, S. 386–417. Springer–Verlag, 1988.

[Sifa79]   J. Sifakis. Structural properties of Petri nets. In Winkowski. J. (Hrsg.), *Mathematical Foundations of Computer Science*, Band 64 der Serie *Lecture Notes in Computer Science*, S. 474–483. Springer–Verlag, 1979.

[Silv80]   M. Silva. Simplification des résaux de Petri par elimination des places implicites. *Digital Processes* 6:245–246, 1980.

[Silv87]   M. Silva. Towards a synchrony theory for P/T nets. In K. Voss, H.J. Genrich und G. Rozenberg (Hrsg.), *Concurrency and Nets*, S. 435–460. Springer–Verlag, 1987.

[SiMu92]   M. Silva und T. Murata. B-fairness and structural B-fairness in Petri net models of concurrent systems. *Journal of Computer and System Sciences* , 44:447–477, 1992.

[Star91]   P. H. Starke. *Analyse von Petri-Netz-Modellen.* Teubner, Stuttgart, 1991.

[TeCS93]   E. Teruel, M. Colom und M. Silva. Linear analysis of deadlock-freeness of Petri net models. *2nd European Control Conference*, Band 2, S. 513–518. North–Holland, 1993.

[TeSi96]   E. Teruel und M. Silva. Structure theory of equal conflict systems. *Theoretical Computer Science*, 153:271–300, 1996.

[Thia87]   P. S. Thiagarajan. Elementary net systems In W. Brauer, W. Reisig und G. Rozenberg (Hrsg.), *Petri Nets: Central Models and their Properties, Advances in Petri Nets 1986, Part I*, Band 254 der Serie *Lecture Notes in Computer Science*, S. 26–59. Springer–Verlag, 1987.

[ThVo84]   P. S. Thiagarajan und K. Voss. A fresh look at free choice nets. *Information and Control*, 61(2):85–113, 1984.

[Trèv90]   N. Trèves. A comparative study of different techniques for semi-flow computation in place/transition nets. In G. Rozenberg (Hrsg.), *Advances in Petri Nets 1989*, Band 424 der Serie *Lecture Notes in Computer Science*, S. 433–452. Springer–Verlag, 1990.

[Valk93]   R. Valk. Extending S-invariants for coloured and selfmodifying nets. Bericht des Institutes für Informatik der Universität Hamburg Nr. 165 (1993).

[Walt95]   R. Walter. *Petrinetzmodelle verteilter Algorithmen – Beweistechnik und Intuition.* Dissertation, Humboldt-Universität zu Berlin, Edition Versal, Bertz Verlag, Berlin, 1995.

Stichwortverzeichnis

Oberweis
Modellierung und Ausführung von Workflows mit Petri-Netzen

Von Prof. Dr.
Andreas Oberweis
Universität Frankfurt/Main

1996. 302 Seiten mit 105 Bildern.
16,2 x 22,9 cm.
(Teubner-Reihe
Wirtschaftsinformatik)
Kart. DM 54,–
ÖS 394,– / SFr 49,–
ISBN 3-8154-2600-6

Dieses Buch beschreibt einen auf Petri-Netzen basierenden integrierten Ansatz zur Modellierung von betrieblichen Abläufen und Objekten. Es wird eine evolutionäre Vorgehensweise zur Ablaufbeschreibung vorgestellt, welche von einer anwendungsnahen Notation zu einer präzisen und für die Ausführung mit Workflow-Managementsystemen geeigneten Notation führt.

Basierend auf den Sprachkonzepten für die Ablaufbeschreibung wird die Architektur eines Workflow-Managementsystems konzipiert.

Die Besonderheit dieses Systems besteht darin, daß Petri-Netze unmittelbar als Grundlage für die Ablaufkontrolle und -steuerung eingesetzt werden. Die beschriebene Workflow-Engine kann auch als frei konfigurierbare Ablaufsteuerung von Standard-Softwaresystemen eingesetzt werden.

Die Abläufe sind hier nicht »fest verdrahtet« in der Software enthalten, sondern als flexible Beschreibungen in Form eines Ablaufschemas gegeben, das im Rahmen der Ablaufmodellierung erstellt und optimiert worden ist.

Preisänderungen vorbehalten.

B.G. Teubner Stuttgart · Leipzig

Muscholl
Über die Erkennbarkeit unendlicher Spuren

Von Dr. **Anca Muscholl**
Universität Stuttgart

1996. 114 Seiten mit 12 Bildern.
16,2 x 23,5 cm.
Kart. DM 36,80
ÖS 269,– / SFr 33,–
ISBN 3-8154-2067-9

(TEUBNER-TEXTE
zur Informatik, Bd. 17)

Unendliche Mazurkiewicz Spuren stellen einen mathematischen Rahmen dar für die Untersuchung nichtterminierender nebenläufiger Systeme, z. B. verteilter Transaktionssysteme. Eine grundlegende Eigenschaft dabei ist die endliche Kontrollierbarkeit (Erkennbarkeit) des Systemverhaltens.

Das vorliegende Buch behandelt den Begriff der Erkennbarkeit für unendliche Spuren aus der Sicht der Automaten mit verteilter Kontrolle. Es werden grundlegende Automaten-Konstruktionen (Determinisierung, Komplementierung) vorgestellt, und damit wird die klassische Theorie der unendlichen Sequenzen zu unendlichen Spuren erweitert.

Preisänderungen vorbehalten.

B. G. Teubner Stuttgart · Leipzig

Keller/Paul
Hardware Design

Formaler Entwurf digitaler Schaltungen

Von Prof. Dr. **Jörg Keller**
Fernuniversität Hagen
und Prof. Dr. **Wolfgang J. Paul**
Universität des Saarlandes

2., bearb. Aufl. 1997.
415 Seiten mit 140 Bildern.
16,2 x 23,5 cm.
Kart. DM 69,80
ÖS 510,– / SFr 63,–
ISBN 3-8154-2304-X

(TEUBNER-TEXTE zur
Informatik, Bd. 15)

Das vorliegende Lehrbuch ist aus Vorlesungen des zweiten Autors entstanden. Es beschäftigt sich in mathematisch präziser Weise mit einem ganz und gar praktischen Thema, nämlich dem Entwurf digitaler Hardware. Kapitel 1 enthält eine Diskussion mathematischer Grundbegriffe. In den Kapiteln 2 bis 4 werden die notwendigen theoretischen Grundlagen über Boole'sche Ausdrücke, Schaltkreiskomplexität und Rechnerarithmetik behandelt. Der Übergang von der abstrakten Schaltkreistheorie zum Entwurf konkreter Schaltungen findet nahtlos in Kapitel 5 statt, wo aus den Verzögerungszeiten von Gattern das zeitliche Verhalten von Flipflops und anderen Speicherbausteinen abgeleitet wird. Kapitel 6 enthält dann das vollständige Design eines einfachen Rechners.

Für die 2., bearbeitete Auflage wurden Fehler und Unstimmigkeiten bereinigt und ein Beweis vereinfacht.

Preisänderungen vorbehalten.

B. G. Teubner Stuttgart · Leipzig